中国智能建造发展蓝皮书（2024）

住房和城乡建设部科技与产业化发展中心　编写

中国建筑工业出版社

图书在版编目（CIP）数据

中国智能建造发展蓝皮书 . 2024 ／ 住房和城乡建设
部科技与产业化发展中心编写 . -- 北京：中国建筑
工业出版社，2024.4
ISBN 978-7-112-29735-1

Ⅰ . ①中… Ⅱ . ①住… Ⅲ . ①智能技术-应用-建筑
工程-研究报告-中国-2024 Ⅳ . ①TU74-39

中国国家版本馆 CIP 数据核字（2024）第 073322 号

责任编辑：李笑然　牛　松
责任校对：李美娜

中国智能建造发展蓝皮书（2024）

住房和城乡建设部科技与产业化发展中心　编写

＊

中国建筑工业出版社出版、发行（北京海淀三里河路9号）
各地新华书店、建筑书店经销
北京鸿文瀚海文化传媒有限公司制版
建工社（河北）印刷有限公司印刷

＊

开本：787毫米×1092毫米　1/16　印张：13　字数：263千字
2024年10月第一版　　2024年10月第一次印刷
定价：**88.00**元
ISBN 978-7-112-29735-1
（42823）

编写单位

指导单位：住房和城乡建设部建筑市场监管司

主编单位：住房和城乡建设部科技与产业化发展中心

参编单位：国家数字建造技术创新中心

住房城乡建设部智能建造工程技术创新中心

深圳市建设科技促进中心

中建科技集团有限公司

中建科工集团有限公司

广联达科技股份有限公司

三一筑工科技股份有限公司

北京工业大学

山东建筑大学

前　言

PREFACE

习近平总书记指出："新质生产力是创新起主导作用，摆脱传统经济增长方式、生产力发展路径，具有高科技、高效能、高质量特征，符合新发展理念的先进生产力质态。"建筑业是我国国民经济的重要支柱产业。2023年我国建筑业总产值达到31.6万亿元，增加值占国内生产总值的6.8%，提供了5000多万个就业岗位，有力支撑了国民经济健康发展。但长期以来，生产方式粗放、科技创新能力不足等问题严重制约了建筑业高质量发展，迫切需要把握好以人工智能为代表的新一代信息技术给建筑业转型升级带来的战略性契机，将发展智能建造作为贯彻落实习近平总书记关于发展新质生产力的重要举措，提升建筑业科技含量，培育新产业、新业态、新模式，为建设绿色、低碳、智能、安全的好房子贡献力量。

《中华人民共和国国民经济和社会发展第十四个五年规划和2035年远景目标纲要》将发展智能建造列为推进新型城市建设、全面提升城市品质的重要内容。为贯彻党中央、国务院的决策部署，住房和城乡建设部通过推动建设试点工程项目、加快基础研究和关键技术研发、征集遴选新技术新产品创新服务典型案例、扎实开展城市试点工作、总结推广可复制经验做法等工作举措，使得智能建造在建筑行业内已形成广泛共识。各试点城市建立统筹协调工作机制，加大政策支持力度，有序推进各项试点任务，取得了积极进展和成效。但从总体来看，智能建造工作仍处于探索发展阶段，在政策支撑、标准体系完善、关键技术，特别是国产BIM软件研发应用、建筑产业互联网研发应用、成熟实用建筑机器人规模化应用、人才支撑上还面临很多挑战。面对这些机遇和挑战，我们应当及时归纳总结成功经验，积极交流学习，进一步加强科技研发和探索实践。

本书受住房和城乡建设部建筑市场监管司委托，是由住房和城乡建设部科技与产业化发展中心组织行业力量编写的国内第一本关于智能建造发展情况的研究报告，主要分为六章。第一章介绍了国内外智能建造总体的发展情况；第二～四章依次总结了智能建造试点工作推进情况、智能建造关键技术研发推广情况、智能建造典型工程项目实施情况；第五章从院士视角与媒体观点分析了智能建造的发展情况、发展趋势及发展意义；第六章介绍了智能建造发展趋势及未来展望。

希望本书的出版能加强行业沟通交流，促进各方相互学习借鉴，在智能建造发展迈向新台阶的重要时期同心协力，为实现绿色低碳高质量发展做出行业贡献。在本书编写过程中，得到了有关司局、地方建设行政主管部门和行业专家、企业家的大力支持，在此表示诚挚的感谢！由于时间紧张、编写水平有限，本书难免存在疏漏之处，欢迎大家提出宝贵意见和建议。

目　录
CONTENTS

一、国内外智能建造总体发展情况

（一）智能建造的定义及发展智能建造的意义

1. 智能建造的定义

目前，国内外尚未形成统一的智能建造定义，综合专家观点（表 1-1），我们认为智能建造是新一代信息技术与先进工业化建造技术深度融合而形成的人机协同建造方式，其本质是工程建设全过程的工业化、数字化和智能化，涉及数字勘察、数字设计、智能生产、智能施工和智慧运维等环节，是一项跨领域跨行业的复杂系统工程。智能建造的组成可形象地理解为：算力算法是大脑、数字软件是肌肉、智能机械是骨骼、工程数据是血液、产业互联网平台是神经网络。

智能建造与绿色建造、装配式建筑的关系可以概括为：绿色建造是目标，智能建造是手段，装配式建筑是良好载体。其中，装配式建筑是指用预制部品部件在工地装配而成的建筑，强调预制工法，是建筑工业化的一种表现形式，是发展智能建造的良好载体；绿色建造是指通过科学管理和技术创新，采用有利于节约资源、保护环境、减少排放、提高效率、保障品质的建造方式，强调提升建造活动绿色化水平，是发展智能建造的目标之一。

部分行业专家提出的智能建造定义

表 1-1

序号	专家	定义
1	钱七虎院士	智能建造是以可持续发展和以人为本的理念，综合运用信息技术、自动化技术、物联网技术、材料工程技术、大数据技术、人工智能技术，对建造过程的技术和管理多个环节进行集成改造和创新，实现精细化、数字化、自动化、可视化和智能化，最大限度地节约资源、保护环境，降低劳动强度和改善作业条件，最大程度地提高工程质量、降低工程安全风险的工程建造活动

序号	专家	定义
2	丁烈云院士	智能建造是以智能技术为核心的现代信息技术与以工业化为主导的先进建造技术深度融合，通过数据－知识驱动工程勘察、设计、生产、施工和交付全过程，实现建造活动和过程的自感知、自学习、自决策和自控制，人机共融协作完成复杂建造任务的新型建造模式
3	肖绪文院士	智能建造是面向工程产品全生命周期，实现泛在感知条件下建造生产水平提升和现场作业赋能的高级阶段；是工程立项策划、设计和施工技术与管理的信息感知、传输、积累和系统化过程；是构建基于互联网的工程项目信息化管控平台，在既定的时空范围内通过功能互补的机器人完成各种工艺操作，实现人工智能与建造要求深度融合的一种建造方式
4	周绪红院士	智能建造是以机器学习等智能算法为核心，融合新一代信息技术和工程建造技术，代替需要人类智能才能完成的复杂工作的具有"自学习、自适应、自决策、自执行"特征的新型生产方式
5	其他概念借鉴	智能制造是基于新一代信息通信技术与先进制造技术深度融合，贯穿于设计、生产、管理、服务等制造活动的各个环节，具有自感知、自学习、自决策、自执行、自适应等功能的新型生产方式。（来源：《智能制造发展规划（2016—2020年）》）

2. 发展智能建造的意义

习近平总书记强调，近年来，互联网、大数据、云计算、人工智能、区块链等技术加速创新，日益融入经济社会发展各领域全过程，数字经济发展速度之快、辐射范围之广、影响程度之深前所未有，正在成为重组全球要素资源、重塑全球经济结构、改变全球竞争格局的关键力量。要站在统筹中华民族伟大复兴战略全局和世界百年未有之大变局的高度，统筹国内国际两个大局、发展安全两件大事，充分发挥海量数据和丰富应用场景优势，促进数字技术和实体经济深度融合，赋能传统产业转型升级，催生新产业新业态新模式，不断做强做优做大我国数字经济。立足新发展阶段，发展智能建造是住房和城乡建设领域贯彻落实习近平总书记关于数字化发展重要指示精神的必然要求，对推动建筑业高质量发展、助力建设群众满意的好房子具有重要意义。

一是推动建筑业转型升级、助力好房子建设的迫切需要。建筑业是我国国民经济的重要支柱产业。2023年，建筑业总产值达到31.6万亿元，增加值达到8.6万亿元，占国内生产总值的比重达6.8%，吸纳就业超过5000万人，有力支撑了国民经济持续健康发展。但长期以来，我国建筑业主要依赖资源要素投入、大规模投资拉动发展，建筑业工业化、信息化水平较低，生产方式粗放、劳动效率不高、能源资源消耗较大、科技创新能力不足等问题比较突出。为此，迫切需要以提品质、降成本为目标，大力发展智能建造，集成5G、人工智能、物联网等新技术，推动建筑业向工业化、数字化、绿色化转型，通过好设计、好材料、好施工，为人民群众建设好房子，让群众得实惠、企业真受益、行业更规范，走出一条内涵集约式高质量发展新路。

二是稳增长扩内需、做强做优做大数字经济的重要举措。智能建造产业具有科技含量高、产业关联度大、带动能力强等特点，既有巨大的投资需求，又能为新一代信息技术提供庞大的消费市场。发展智能建造不仅能够带动新兴软件、人工智能、物联网、大数据、高端装备制造等战略性新兴产业发展，还可以催生建筑产业互联网、建筑机器人、数字设计、智能生产、智能施工、智慧运维等新产业、新业态、新模式，乘数效应、边际效应显著，有助于充分发挥建筑业超大规模市场的优势，有效拉动数字经济发展，是稳增长扩内需、壮大发展新动能的重要举措。

三是顺应国际潮流、提升我国建筑业国际竞争力的有力抓手。德国、英国、日本等发达国家已相继发布实施了以融合应用智能建造相关技术为核心的建筑业转型发展战略，提出在工程建造中推广数字设计、物联网、人工智能、机器人等技术，提高施工效率，降低建造成本，应对劳动力减少的难题。与发达国家相比，我国智能建造核心技术还存在不小差距，迫切需要将发展智能建造作为抢占建筑业未来科技发展高地的战略选择，打造"中国建造"升级版，提升企业核心竞争力，迈入智能建造世界强国行列。

（二）国外智能建造总体发展情况

德国、英国、日本等发达国家在 2015 年前后都提出了智能建造相关的发展战略，如德国联邦政府交通和数字基础设施部于 2015 年发布《数字化设计与建造发展路线图》，英国商务、创新和技能部于 2013 年发布《建造 2025（Construction 2025）》，日本国土交通省于 2015 年发布了《建设工地生产力革命战略（i-Construction）》，其共同点是在工程建造中推广数字设计、物联网、人工智能、机器人等技术，提高施工效率，降低建造成本，应对劳动力减少的难题。经过多年发展，目前美国、德国、英国、法国、日本等发达国家的智能建造发展已取得一定成效。

1. 国外发展智能建造的战略部署

1）德国发展智能建造的战略部署

2014 年，德国建筑行业协会发起了"Planen and Bauen 4.0（规划与建设 4.0）"倡议，提出德国建筑业应在 BIM 应用和其他数字技术的创新中发挥积极作用。2015 年，德国联邦政府交通和数字基础设施部发布了《数字化设计与建造发展路线图》，明确了工程建造领域的数字化设计、施工和运营的变革路径，提出要通过应用 BIM 技术来降低工程风险和提升项目效率，不断优化工程建造全寿命周期成本管控，防止出现延误工期和超预算现象。同时，随着德国"工业 4.0 战略"的实施，工业互联网、机器人等技术得到广泛应用，为推动智能建造发展奠定了基础。

2）英国发展智能建造的战略部署

2013 年，英国商务、创新和技能部发布《建造 2025（Construction 2025）》，从智能化水平、从业人员素质、可持续发展、带动经济增长和领导力 5 个方面提出了英国建造 2025 愿景，制定的具体目标为减少 33% 的全寿命周期成本、新建和改造工程项目的完成总时间减少 50%、在建筑环境中的温室气体排放量降低 50% 以及工程建造出口增加 50%。同时，设立了包含政企研三方的建设领导委员会进行落地实施，并在英国首次提出了智慧建造（Smart Construction），认为应在建筑设计、施工和运营等阶段充分利用数字技术和工业化制造技术来提高生产力和降低建造成本。

3）日本发展智能建造的战略部署

2015 年，日本内阁会议通过了新的《日本再兴战略》，明确提出要以物联网 IoT（Internet of Things）、大数据、AI 推进以人为本的"生产力革命"。为此，日本国土交通省开始在建设工地实施 ICT（Information and Communications Technology）土木工程，取名 i-Construction（建设工地的生产力革命），即以物联网、大数据、人工智能为支撑提高建筑工地的生产效率，应对老龄化社会下劳动力人口减少的难题。该战略主要涉及三方面措施：一是 ICT 技术的全面使用，施工现场采用无人机等进行三维测量，采用 ICT 控制机械进行施工以实现高速且高品质的建筑作业；二是规格的标准化，采用技术统合进行数据分析，将施工现场的规格标准化，以实现最大效率；三是施工周期的标准化，采用更加先进的计划管理系统使施工周期可控，同时科学安排施工周期，减少繁忙期和闲散期。

2. 国外智能建造技术研发方向

根据清华大学陆新征教授对智能建造领域 2788 篇相关文献的检索分析研究，发达国家的智能建造研究经历了"建设项目信息化管理与集成""结构运维""信息化与智能化"等阶段，目前正在探索物联网、区块链等多数据源融合与决策。主要包括五个方向：一是知识表示学习与利用，主要集中于基于自然语言处理的规范条文信息提取与转化；二是建筑机器人，目前的研究旨在通过脑机接口、人机协作等研究解决建筑业风险高、自动化程度低、劳动力短缺等问题；三是三维重建，主要研究如何通过激光扫描、点云、神经网络等技术，实现已建结构和在建结构的快速重构；四是信息集成，大部分文献以 BIM 为载体进行物联网、GIS 与规范条文的集成，与中国相关研究不同的是，发达国家的部分研究实现了两个以上数据源的融合以及多数据源的分析与决策；五是结构运维，基于传感器的结构健康监测系统已经有了显著的成果，目前学者们正在寻找成本更低更便捷的检测方案，比如通过智能手机进行信号的发射与接收从而实现结构的监测。

（三）国内发展智能建造的顶层设计

党中央、国务院文件已明确将智能建造纳入新时期经济社会发展的重要举措，住房和城乡建设部等部门就发展智能建造达成了共识，并出台了一系列文件，明确了发展智能建造的发展目标、重点任务、支持政策和保障措施，为发展智能建造提供了有力的政策支撑。

1. 中共中央、国务院的工作部署

《中华人民共和国国民经济和社会发展第十四个五年规划和 2035 年远景目标纲要》明确提出发展智能建造，首次从国家层面将发展智能建造作为推进新型城市建设、全面提升城市品质的重要内容，为推动建筑业转型升级指明了方向。中共中央、国务院印发的《国家标准化发展纲要》《质量强国建设纲要》以及中共中央办公厅、国务院办公厅印发的《关于推动城乡建设绿色发展的意见》都对发展智能建造进行了工作部署（表1-2）。

中共中央、国务院关于发展智能建造的决策部署　　　　　　表 1-2

时间	文件名称	决策部署
2021 年 3 月	《中华人民共和国国民经济和社会发展第十四个五年规划和 2035 年远景目标纲要》	发展智能建造，推广绿色建材、装配式建筑和钢结构住宅，建设低碳城市
2021 年 7 月	《中共中央办公厅 国务院办公厅印发〈关于推动城乡建设绿色发展的意见〉》	推动智能建造和建筑工业化协同发展
2021 年 10 月	《中共中央 国务院印发〈国家标准化发展纲要〉》	推动智能建造标准化，完善建筑信息模型技术、施工现场监控等标准
2023 年 2 月	《中共中央 国务院印发〈质量强国建设纲要〉》	推广先进建造设备和智能建造方式，提升建设工程的质量和安全性能

2. 住房和城乡建设部等部门出台的政策文件

2020 年 7 月，住房和城乡建设部、国家发展和改革委员会、科学技术部、工业和信息化部等 13 部门联合印发了《关于推动智能建造与建筑工业化协同发展的指导意见》，明确提出了发展智能建造的指导思想、基本原则、发展目标、重点任务和保障措施，是当前和今后一个时期指导智能建造发展的重要文件。此外，《"十四五"建筑业发展规划》《加快培育新型消费实施方案》《物联网新型基础设施建设三年行动计划（2021—2023 年）》《民航局关于印发推动民航智能建造与建筑工业化协同发展行动方案的通知》《"十四五"建筑业发展规划》《"十四五"住房和城乡建设科技发展规划》《"十四五"机器人产业发展规划》《"十四五"信息通信行业发展规划》等文件都提出了发展智能建造的政策措施（表 1-3）。

住房和城乡建设部等部门关于发展智能建造的政策文件 　　　　　表 1-3

时间	文件名称	相关内容
2020 年 7 月	《住房和城乡建设部等部门关于推动智能建造与建筑工业化协同发展的指导意见》	围绕建筑业高质量发展总体目标，以大力发展建筑工业化为载体，以数字化、智能化升级为动力，创新突破相关核心技术，加大智能建造在工程建设各环节的应用，形成涵盖科研、设计、生产加工、施工装配、运营等全产业链融合一体的智能建造产业体系，提升工程质量安全、效益和品质，有效拉动内需，培育国民经济新的增长点，实现建筑业转型升级和持续健康发展
2021 年 3 月	《国家发展改革委等二十八部门联合印发〈加快培育新型消费实施方案〉》	推动智能建造与建筑工业化协同发展，建设建筑产业互联网，推广钢结构装配式等新型建造方式，加快发展"中国建造"
2021 年 8 月	《民航局关于印发推动民航智能建造与建筑工业化协同发展行动方案的通知》	到 2025 年末，民航设计、施工的龙头企业基本具备数字化设计、智能建造的实施能力，初步形成与民航智能建造及建筑工业化相适应的行业标准及监管模式，民航建设管理水平得到有效提升，形成了一批数字化设计及智能建造的示范性项目，智能建造与建筑工业化的应用项目投资占比达到 50%
2021 年 9 月	《八部门关于印发〈物联网新型基础设施建设三年行动计划（2021—2023 年）〉的通知》	加快智能传感器、射频识别（RFID）、二维码、近场通信、低功耗广域网等物联网技术在建材部品生产采购运输、BIM 协同设计、智慧工地、智慧运维、智慧建筑等方面的应用。利用物联网技术提升对建造质量、人员安全、绿色施工的智能管理与监管水平
2021 年 11 月	《"十四五"信息通信行业发展规划》	推动智能建造与建筑工业化协同发展，实施智能建造能力提升工程，培育智能建造产业基地，建设建筑业大数据平台，实现智能生产、智能设计、智慧施工和智慧运维

时间	文件名称	相关内容
2021 年 12 月	《"十四五"机器人产业发展规划》	研制建筑部品部件智能化生产、测量、材料配送、钢筋加工、混凝土浇筑、楼面墙面装饰装修、构部件安装、焊接等建筑机器人
2022 年 1 月	《"十四五"建筑业发展规划》	智能建造与新型建筑工业化协同发展的政策体系和产业体系基本建立,装配式建筑占新建建筑的比例达到 30% 以上,打造一批建筑产业互联网平台,形成一批建筑机器人标志性产品,培育一批智能建造和装配式建筑产业基地
2022 年 3 月	《"十四五"住房和城乡建设科技发展规划》	以推动建筑业供给侧结构性改革为导向,开展智能建造与新型建筑工业化政策体系、技术体系和标准体系研究。研究数字化设计、部品部件柔性智能生产、智能施工和建筑机器人关键技术,研究建立建筑产业互联网平台,促进建筑业转型升级
2022 年 6 月	《住房和城乡建设部 国家发展改革委关于印发城乡建设领域碳达峰实施方案的通知》	推广智能建造,到 2030 年培育 100 个智能建造产业基地,打造一批建筑产业互联网平台,形成一系列建筑机器人标志性产品
2023 年 1 月	《工业和信息化部等十七部门关于印发"机器人+"应用行动实施方案的通知》	研制测量、材料配送、钢筋加工、混凝土浇筑、楼面墙面装饰装修、构部件安装和焊接、机电安装等机器人产品。提升机器人对高原高寒、恶劣天气、特殊地质等特殊自然条件下基础设施建养以及长大穿山隧道、超大跨径桥梁、深水航道等大型复杂基础设施建养的适应性。推动机器人在混凝土预制构件制作、钢构件下料焊接、隔墙板和集成厨卫加工等建筑部品部件生产环节,以及建筑安全监测、安防巡检、高层建筑清洁等运维环节的创新应用。推进建筑机器人拓展应用空间,助力智能建造与新型建筑工业化协同发展

(四)国内智能建造总体推进情况

1. 住房和城乡建设部推进智能建造发展的工作举措

2020 年 12 月,全国住房和城乡建设工作会议上将"加快发展'中国建造',推动建筑产业转型升级,加快推动智能建造与新型建筑工业化协同发展"作为 2021 年住房和城乡建设领域八项重点工作之一。2022 年 1 月,全国住房和城乡建设工作会议将"推动建筑业转型升级"作为 2022 年重点抓好的八个方面工作之一,并提出"完善智能建造政策和产业体系"。2023 年 1 月，全国住房和城乡建设工作会议明确提出"发展智能建造、装配式建筑等新型建造方式"。在此背景下，住房和城乡建设部通过推动建设试点工程项目、加快基础研究和关键技术研发、征集遴选新技术新产品典型案例、扎实开展城市试点工作、总结推广可复制经验做法、组织开展专题宣传和现场观摩等工作举措，着力解决生产方式粗放、劳动力紧缺、资源能源消耗大等制约建筑业高质量发展的关键问题，取得了初步成效（表1-4）。2023 年 12 月，全国住房城乡建设工作会议强调"抓好智能建造城市试点"。

住房和城乡建设部推进智能建造发展的工作举措   表 1-4

时间	文件名称	工作举措
2021 年 2 月	《住房和城乡建设部办公厅关于同意开展智能建造试点的函》	开展智能建造试点工作，围绕建筑业高质量发展，以数字化、智能化升级为动力，创新突破相关核心技术，加大智能建造在工程建设各环节的应用，提升工程质量安全、效益和品质，探索出一套可复制可推广的发展模式和实施经验
2021 年 7 月	《住房和城乡建设部办公厅关于印发智能建造与新型建筑工业化协同发展可复制经验做法清单（第一批）的通知》	总结推广各地在发展数字设计、推广智能生产、推动智能施工、建设建筑产业互联网平台、研发应用智能建造装备、加强统筹协作和政策支持6方面38条可复制经验
2021 年 11 月	《住房和城乡建设部办公厅关于发布智能建造新技术新产品创新服务典型案例（第一批）的通知》	确定124个案例为第一批智能建造新技术新产品创新服务典型案例，指导各地住房和城乡建设主管部门及企业全面了解、科学选用智能建造技术和产品
2022 年 10 月	《住房和城乡建设部关于公布智能建造试点城市的通知》	遴选部分城市开展智能建造试点，加快推动建筑业与先进制造技术、新一代信息技术的深度融合，形成可复制可推广的政策体系、发展路径和监管模式，为全面推进建筑业转型升级、推动高质量发展发挥示范引领作用
2023 年 6 月	《住房城乡建设部办公厅关于开展智能建造新技术新产品创新服务典型案例应用情况总结评估工作的通知》	总结评估124个案例应用情况，对于在提品质、降成本等方面确有实效的智能建造技术，列入智能建造先进适用技术清单，并择优纳入住房和城乡建设领域推广应用技术公告，在全国范围推广应用，助力群众满意的好房子建设
2023 年 11 月	《住房城乡建设部办公厅关于印发发展智能建造可复制经验做法清单（第二批）的通知》	总结推广各地在加大政策支持力度、推动建设试点示范工程、创新工程建设监管机制、强化组织领导和宣传交流4方面49条可复制经验
2024 年 4 月	《住房城乡建设部办公厅关于印发发展智能建造可复制经验做法清单（第三批）的通知》	总结推广各地在培育智能建造产业、推动技术创新、完善标准体系、培养专业人才4方面43条可复制经验

1）推动建设试点工程项目

2021 年 2 月，住房和城乡建设部同意上海市嘉定新城菊园社区 JDC1 — 0402 单元

05—02地块项目、佛山市顺德凤桐花园项目、佛山市顺德北滘镇南平路以西地块之一项目、深圳市长圳公共住房及其附属工程项目和重庆市美好天赋项目、绿地新里·秋月台项目、万科四季花城三期项目7个项目开展智能建造试点，加大智能建造在工程建设各环节的应用。

为打造一批可复制、能推广的智能建造样板工程，住房和城乡建设部指导7个项目重点围绕提升工程质量安全、效益和品质开展试点工作。一是注重问题导向，将解决生产方式粗放、劳动力紧缺、资源能源消耗大等制约建筑业高质量发展的关键问题作为工作出发点，推动工程项目提质增效；二是注重技术和管理协同创新，在推广应用新技术新产品的同时，积极探索配套管理模式和标准规范的创新；三是注重产业融合，推动建筑业与先进制造业、信息技术产业的跨界融合，为稳增长扩内需提供重要支撑。

通过几年探索，试点项目在数字设计、智能生产、智能施工和建筑产业互联网、建筑机器人等方面已经取得了一定成效。如深圳市长圳公共住房及其附属工程项目集成应用BIM技术、智能建造平台、三维测量机器人等30项关键技术，累计节约工程造价约7500万元，缩短工期约10%，初步展现了发展智能建造的经济、社会和环境效益。为总结推广试点经验，2022年12月，在住房和城乡建设部建筑市场监管司的指导下，住房和城乡建设部科技与产业化发展中心在深圳市长圳公共住房及其附属工程项目召开智能建造试点项目远程观摩会（图1-1），宣传展示试点项目在集成设计、数字化采购、智能生产、建筑产业互联网、建筑机器人等方面的科技创新成果。

图1-1　智能建造试点项目远程观摩会

2）加快基础研究和技术研发

一是依托国家重点研发计划加强关键技术攻关。2022 年 3 月，住房和城乡建设部发布《"十四五"住房和城乡建设科技发展规划》，对加快研发智能建造与新型建筑工业化关键技术进行了总体部署。为加强对智能建造关键技术研发的资金支持，住房和城乡建设部会同科技部在"十四五"国家重点研发计划"城镇可持续发展关键技术与装备"重点专项中，将智能建造作为主要任务之一进行部署。2022 年已安排"工程建造云边端数据协同机制与一体化建模关键技术"（图 1-2）"支持非线性几何特征建模的建筑信息模型（BIM）平台软件""高层建筑自升降智能建造平台关键技术与装备"等研究任务，围绕软件、硬件、平台三方面推动智能建造基础共性技术和关键核心技术研发、转化与应用示范。

图 1-2　国家重点研发计划"工程建造云边端数据协同机制与一体化建模关键技术"
项目启动暨实施方案论证会

二是支持企业、高校和科研院所共建科技创新平台。2022 年，华中科技大学获批牵头建设国家数字建造技术创新中心，开展数字化设计与 CIM、智能感知与工程物联网、工程装备智能化与建造机器人、工程大数据平台与智能服务等方面的关键技术攻关。2024年 4 月，住房和城乡建设部办公厅发布了住房和城乡建设部科技创新平台名单，包括智能建造工程技术创新中心、数字建造与孪生重点实验室 2 个智能建造科技创新平台。2023年 11 月，华中科技大学联合伦敦大学学院、美国马里兰大学等国外高校共同组建申报的"智能建造国际合作联合实验室"获批 2023 年度教育部国际合作联合实验室立项建设，此项目将围绕智能建造领域的国家重大需求和国际科学前沿，加强与国外高水平大学合作，建立教学科研合作平台，联合推进高水平基础研究和高技术研究，提高创新人才培养质量。

　　三是组织开展中长期发展战略和基础理论研究。为弥补智能建造基础研究不足的短板，住房和城乡建设部围绕智能建造中长期发展战略、基础理论框架、技术体系、评价指标等方面组织开展了一系列基础课题研究。中长期发展战略方面，委托住房和城乡建设部科技与产业化发展中心牵头开展住房和城乡建设部面向中长期发展重大课题"智能建造与新型建筑工业化协同发展中长期研究"（图1-3），在广泛调研国内外建筑业发展现状和发展趋势的基础上，梳理了智能建造关键技术和典型应用场景，绘制了产业链图谱，初步测算了产业规模，系统提出了发展智能建造的3大目标、6类场景、9大工程和12类细分产业以及一揽子政策建议，为完善顶层制度设计提供了研究基础。基础理论方面，委托华中科技大学丁烈云院士牵头开展"智能建造理论框架研究"。该课题明确了智能建造的内涵与框架体系，总结分析了关键技术、应用场景、产业形态、产值测算及人才培养等内容，并提出了工作建议，为建立智能建造基础理论奠定了基础。技术体系方面，委托住房和城乡建设部科技与产业化发展中心开展了"智能建造新技术新产品创新服务典型案例推广应用研究"，总结梳理了8大技术领域的33项技术产品及96个典型场景，填补了国内智能建造先进适用技术产品清单方面的研究空白，对智能建造技术体系具有较强的指导意义和引领作用。评价体系方面，委托住房和城乡建设部科技与产业化发展中心牵头开展"智能建造发展水平评价指标体系研究"，提出了行业层面、城市层面、项目层面的智能建造发展水平评价指标体系，为指导智能建造试点工作、探索智能建造技术发展路径提供了重要支撑。

　　四是组织编制标准体系和关键技术标准。2022年，委托住房和城乡建设部科技与产业化发展中心开展了"智能建造标准体系研究"，编制了基础共性、关键技术、专业工程应用3方面的标准编制需求清单，为主管部门科学引导智能建造标准编制提供了决策依据。2023年，委托住房和城乡建设部科技与产业化发展中心开展了"智能建造技术导则研究"，梳理了工程项目建设全过程的智能建造共性关键技术措施和实施要点，编制了涵盖勘察、设计、生产、施工、交付等环节的技术导则，为主管部门加强对智能建造工程项目的技术指导提供了重要依据。2024年5月，国家标准《房屋建筑工程智能建造统一标准》编制组成立暨第一次工作会议顺利召开，住房和城乡建设部标准定额司王玮一级巡视员、建筑市场监管司廖玉平副司长、科技与产业化发展中心刘新锋主任和武振副主任等领导参会。该标准由住房和城乡建设部科技与产业化发展中心主编，将为智能建造的各个环节提供统一、明确、可操作性的规范，确保智能建造技术的有效集成与广泛应用，有助于解决当前存在的如概念不统一、技术路径不明确等问题，促进技术体系和产业体系的逐步形成，为智能建造全面推广奠定坚实基础。

图1-3　住房和城乡建设部面向中长期发展重大课题
"智能建造与新型建筑工业化协同发展中长期研究"专家验收会

3）征集遴选创新服务案例

为引导各地主管部门和企业全面了解、科学选用智能建造技术产品，住房和城乡建设部于2021年组织开展了智能建造新技术新产品创新服务案例征集工作，遴选发布了5大类124个典型案例。2022年7月，按照住房和城乡建设部工作安排，住房和城乡建设部科技与产业化发展中心组织编写了《智能建造新技术新产品创新服务典型案例集（第一批）》（图1-4），并由中国建筑工业出版社正式出版发行，进一步宣传案例经验、展示实施效益、凝聚行业共识。案例涵盖了智能建造新技术新产品在设计、生产、施工等工程建造全过程的应用。

案例集从技术产品特点、创新点、应用场景、实施过程和应用成效等方面详细介绍了案例内容，既生动展现了新一代信息技术与建筑业融合发展的最新实践成果，也充分显示了未来建筑业工业化、数字化、智能化升级的广阔前景，具备较强的借鉴意义和推广价值，是发展智能建造的生动教材。案例集主要包括五方面内容：一是自主创新数字化设计软件，包括相关软件在装配式建筑设计、装修设计、协同设计、方案优化等方面的应用；二是部品部件智能生产线，涵盖预制构件、装修板材、厨卫、门窗、设备管线等领域；三是智能施工管理系统，包含物料进场管理、远程视频监控、建筑工人实名制管理、预制构件质量管理等功能应用；四是建筑产业互联网平台，包括建材集中采购、工程设备租赁、建筑劳务用工等领域的行业级平台，提升企业产业链协同能力和效益的企业级平台，以及实现工程项目全生命周期信息化管理的项目级平台；五是建筑机器人等智能

图 1-4 《智能建造新技术新产品创新服务典型案例集（第一批）》

建造装备，涉及机器人在部品部件生产、工程测量、墙板装配、地面墙面施工等方面的应用。

为进一步总结智能建造技术创新应用成果，助力群众满意的好房子建设，2023 年 6 月，住房和城乡建设部办公厅发布《关于开展智能建造新技术新产品创新服务典型案例应用情况总结评估工作的通知》，决定对 124 个案例应用情况开展总结评估，分析相关技术的工程应用情况、技术水平以及在提品质、降成本等方面的实施效益。对于在提品质、降成本等方面确有实效的智能建造技术，列入智能建造先进适用技术清单，并择优纳入住房和城乡建设领域推广应用技术公告，在全国范围推广应用。

4）扎实开展城市试点工作

2022 年，为深入贯彻党的二十大精神，着力推动建筑业高质量发展，积极融入和服务新发展格局，根据全国住房和城乡建设工作会议部署安排，住房和城乡建设部决定征集遴选部分城市开展智能建造试点（图 1-5）。2022 年 5 月，住房和城乡建设部办公厅发布《关于征集遴选智能建造试点城市的通知》，明确了开展智能建造城市试点的工作目标、重点任务和工作要求等内容。2022 年 10 月，住房和城乡建设部选定北京市等 24 个城市（表 1-5）开展为期 3 年的智能建造试点工作，加快推动建筑业与先进制造技术、新一代信息技术的深度融合，拓展数字化应用场景，培育具有关键核心技术和系统解决方案能力的骨干建筑企业，发展智能建造新产业，形成可复制可推广的政策体系、发展路径和监管模式。

图 1-5　央视报道智能建造试点城市征集遴选工作

24 个智能建造试点城市名单　　　　　　　　　　　表 1-5

序号	城市	序号	城市
1	北京	13	合肥
2	天津	14	厦门
3	重庆	15	青岛
4	河北雄安新区	16	郑州
5	保定	17	武汉
6	沈阳	18	长沙
7	哈尔滨	19	广州
8	南京	20	深圳
9	苏州	21	佛山
10	温州	22	成都
11	嘉兴	23	西安
12	台州	24	乌鲁木齐

　　试点预期目标主要包括三个方面：一是加快推进科技创新，提升建筑业发展质量和效益。重点围绕数字设计、智能生产、智能施工、建筑产业互联网、建筑机器人、智慧监管六大方面，挖掘一批典型应用场景，加强对工程项目质量、安全、进度、成本等全要素数字化管控，形成高效益、高质量、低消耗、低排放的新型建造方式。二是打造智能建造产

业集群，培育新产业新业态新模式。广州、深圳、苏州等城市在试点方案中明确提出，推动建设一批智能建造产业基地，加快建筑业与先进制造技术、新一代信息技术融合发展，提高科技成果转化和产业化水平，带动自主创新软件、人工智能、物联网、大数据、高端装备制造等新兴产业发展，为稳增长扩内需、壮大地方经济、发展新动能提供重要支撑。三是培育具有关键核心技术和系统解决方案能力的骨干建筑业企业，增强建筑业企业国际竞争力。加强企业主导的产学研深度融合，推动实施一批具有战略性、全局性、前瞻性的智能建造重大科技攻关项目，巩固提升行业领先技术，加快建设世界一流建筑企业，积极支持"专精特新"企业发展，通过科技赋能打造"中国建造"升级版，形成国际竞争新优势。

试点坚持"统筹谋划、因地制宜"的工作原则，安排了完善政策体系、培育智能建造产业、建设试点示范工程和创新管理机制四项必选任务，还提供了打造部品部件智能工厂、推动技术研发和成果转化、完善标准体系和培育专业人才四项任务供地方结合实际自主选择，同时试点城市还可根据试点目标提出新的任务方向。试点期间，住房和城乡建设部将加强组织领导，完善统筹协调机制，指导各试点城市出台产业支持政策，搭建产学研合作平台，高标准落实各项试点目标任务，力争形成可感知、可量化、可评价的工作成效，为全面推进建筑业向工业化、数字化、绿色化转型，推动高质量发展发挥示范引领作用。

5）总结推广可复制经验做法

《关于推动智能建造与建筑工业化协同发展的指导意见》印发后，各地以试点示范为抓手，加快完善发展智能建造的政策体系、产业体系和技术路径，出台了一系列支持政策，并引导建筑业企业与信息技术企业和先进制造企业跨界融合，推动建筑业转型发展工作取得积极成效。为宣传推广先进经验做法，住房和城乡建设部在广泛调研的基础上，总结印发了两批可复制经验做法清单，供各地结合实际学习借鉴。

2021年7月，住房和城乡建设部办公厅发布《关于印发智能建造与新型建筑工业化协同发展可复制经验做法清单（第一批）的通知》，总结推广各地在发展数字设计、推广智能生产、推动智能施工、建设建筑产业互联网平台、研发应用智能建造装备、加强统筹协作和政策支持6方面38条可复制经验。2023年11月，住房城乡建设部办公厅发布《关于印发发展智能建造可复制经验做法清单（第二批）的通知》（图1-6），总结推广各地在加大政策支持力度、推动建设试点示范工程、创新工程建设监管机制、强化组织领导和宣传交流4方面49条可复制经验。2024年4月，住房城乡建设部办公厅发布《关于印发发展智能建造可复制经验做法清单（第三批）的通知》总结推广各地在培育智能建造产业、推动技术创新、完善标准体系、培养专业人才4方面43条可复制经验。

发展智能建造可复制经验做法清单（第二批）

序号	工作任务	主要举措	经验做法
一	加大政策支持力度	（一）融入经济社会发展大局	1. 苏州、郑州、保定、台州、长沙、厦门、成都、南京、哈尔滨、青岛先后以城市人民政府名义印发关于发展智能建造的实施意见或方案，加强组织领导，明确目标任务，出台支持政策，保障智能建造试点工作有序推进。 2. 天津、重庆、陕西、苏州、温州、嘉兴、台州、合肥、郑州、武汉、长沙、深圳、佛山、西安、乌鲁木齐等地将推进智能建造试点工作纳入政府工作报告。 3. 重庆、沈阳、苏州、武汉、深圳将智能建造工作纳入本地区国民经济和社会发展第十四个五年规划和二〇三五年远景目标纲要等重要文件，推动建筑业转型升级工作融入城市经济社会发展大局。 4. 北京、青岛将智能建造作为发展数字经济的重要内容。北京在《北京市数字经济促进条例》中明确支持建筑产业互联网发展，推进建筑产业数字化转型升级；青岛将发展智能建造作为《数字青岛发展规划（2023—2025 年）》的重要内容，积极培育新业态新模式。
		（二）给予资金奖补支持	1. 福建、雄安、沈阳给予智能建造试点工程项目资金奖补，调动企业创新积极性。福建对项目智慧管理平台建设、智能设备租赁或采购等给予 50 万元资金补贴，2022 年共对 35 个项目发放补贴 1750 万元，2023 年安排了 2000 万元的补贴预算；雄安将智能建造列入城乡建设绿色发展专项资金重点支持范围，给予重点项目建设单位 20 万元资金奖励，给予在部品部件标准化、降成本等方面示范引领作用明显的施工单位 10 万元资金奖励，对采用全过程 BIM 正向设计且应用效果好的项目给予设计单位 3 元/平方米资金

图 1-6　发展智能建造可复制经验做法清单（第二批）

6）组织专题宣传和现场观摩

一是编印工作简报。截至 2024 年 8 月，住房和城乡建设部建筑市场监管司共编印 15 期《智能建造试点城市经验交流》（图 1-7），宣传推广浙江、江苏、长沙、广州、深圳、武汉、佛山、温州、合肥等地试点经验。

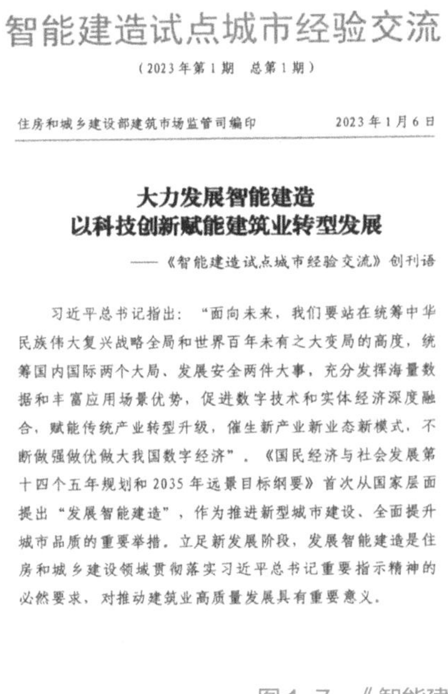
智能建造试点城市经验交流

（2023 年第 1 期　总第 1 期）

住房和城乡建设部建筑市场监管司编印　　2023 年 1 月 6 日

大力发展智能建造
以科技创新赋能建筑业转型发展

——《智能建造试点城市经验交流》创刊语

习近平总书记指出：“面向未来，我们要站在统筹中华民族伟大复兴战略全局和世界百年未有之大变局的高度，统筹国内国际两个大局、发展安全两件大事，充分发挥海量数据和丰富应用场景优势，促进数字技术和实体经济深度融合，赋能传统产业转型升级，催生新产业新业态新模式，不断做强做优做大我国数字经济”。《国民经济与社会发展第十四个五年规划和 2035 年远景目标纲要》首次从国家层面提出“发展智能建造”，作为推进新型城市建设、全面提升城市品质的重要举措。立足新发展阶段，发展智能建造是住房和城乡建设领域贯彻落实习近平总书记重要指示精神的必然要求，对推动建筑业高质量发展具有重要意义。

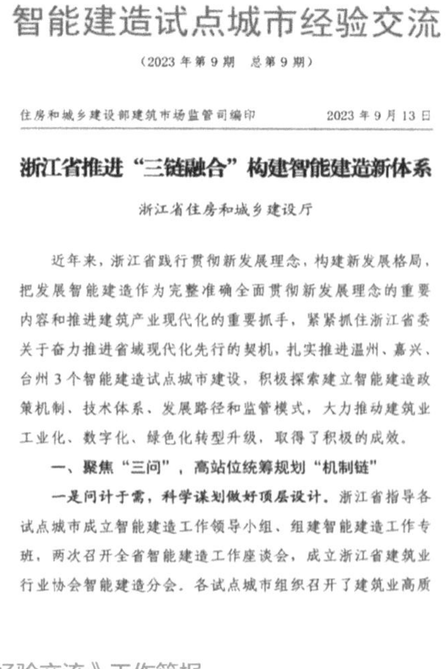
智能建造试点城市经验交流

（2023 年第 9 期　总第 9 期）

住房和城乡建设部建筑市场监管司编印　　2023 年 9 月 13 日

浙江省推进“三链融合”构建智能建造新体系

浙江省住房和城乡建设厅

近年来，浙江省践行贯彻新发展理念，构建新发展格局，把发展智能建造作为完整准确全面贯彻新发展理念的重要内容和推进建筑产业现代化的重要抓手，紧紧抓住浙江省委关于奋力推进省域现代化先行的契机，扎实推进温州、嘉兴、台州 3 个智能建造试点城市建设，积极探索建立智能建造政策机制、技术体系、发展路径和监管模式，大力推动建筑业工业化、数字化、绿色化转型升级，取得了积极的成效。

一、聚焦“三问”，高站位统筹规划“机制链”

一是问计于需，科学谋划做好顶层设计。浙江省指导各试点城市成立智能建造工作领导小组、组建智能建造工作专班，两次召开全省智能建造工作座谈会，成立浙江省建筑业行业协会智能建造分会。各试点城市组织召开了建筑业高质

图 1-7　《智能建造试点城市经验交流》工作简报

二是开设中国建设报智能建造专栏。住房和城乡建设部建筑市场监管司会同中国建设报社通过专栏发布智能建造政策解读文章（图1-8），邀请丁烈云院士、周绪红院士等专家撰文介绍基础理论和创新成果，并为各地展示试点经验和工作成效提供宣传平台。

三是组织工作交流和现场观摩活动。2021年9月，住房和城乡建设部建筑市场监管司会同工业和信息化部装备工业一司，以视频方式组织召开推进建筑机器人研发应用工作交流会，丁烈云院士等专家以及来自建筑业企业、机器人与智能装备生产企业、科研机构等单位的150余位代表就建筑机器人研发应用进行了深入交流。

2023年3月，住房和城乡建设部建筑市场监管司在江苏省苏州市召开智能建造试点工作推进会（图1-9），交流研讨各地经验做法，部署推进智能建造城市试点工作，组织智能建造典型工程项目实地观摩。会议指出，智能建造试点城市要以提品质、降成本为目标，统筹做好试点工作安排，力求形成可感知、可量化、可评价的试点成效。重点把握四个方面的原则：第一，统筹整体推进和重点突破，在完成必选任务的基础上，找准目标定位，发挥地方特色优势，积极探索不同类型的经验模式；第二，统筹经济发展和民生保障，时刻把人民满意作为中心目标和衡量尺度，用稳支柱、提品质的实际成果增加人民群众获得感；第三，统筹政府引导和市场主导作用，政府要搭好舞台、守好底线、管好秩序，以有为政府促进有效市场，充分激发广大市场主体创新活力；第四，统筹技术进步和

图1-8　中国建设报智能建造专栏

图1-9　智能建造试点工作推进会（2023年3月，江苏省苏州市）

管理创新，通过数字化、智能化技术的应用，全方位推动建筑业产品生产方式、产业发展方式、政府监管方式转型，加快实现高质量发展目标。

2023年11月，住房和城乡建设部在浙江省温州市召开智能建造工作现场会（图1-10），贯彻落实全国住房和城乡建设工作会议精神，通报智能建造试点工作进展，交流各地发展智能建造的经验做法，部署推进重点工作任务，推动建筑业实现高质量发展，住房和城乡建设部党组成员、副部长王晖同志出席会议并讲话。会议强调了三方面工作要求：第一，要从服务新发展格局的高度去认识智能建造，以建造好房子为目标去发展智能建造，按照市场化、法治化原则去推广智能建造，加快形成一套行之有效的经验模式；第二，要锚定"提品质、降成本"的目标方向，发展数字设计、推广智能生产、推进智能施

图1-10　智能建造工作现场会（2023年11月，浙江省温州市）

工、推动智慧运维、建设建筑产业互联网、研发应用建筑机器人等智能建造装备，通过科技赋能提高工程建设的品质和效益，为社会提供高品质的建筑产品；第三，每个试点城市都要把培育龙头企业作为重点工作任务，争取到试点结束时，在本地区培育出几家具备智能建造关键核心技术和系统解决方案能力的骨干企业，同时培育一批"专精特新"领域的中小企业，成为新时期推动建筑业高质量发展的骨干力量。

2024年4月，住房和城乡建设部建筑市场监管司在广东省深圳市召开智能建造工作推进会（图1-11），贯彻落实全国住房城乡建设工作会议精神，交流研讨各地发展智能建造的经验做法，部署推进智能建造城市试点工作。会议要求，智能建造试点城市要锚定提品质、降成本的目标方向，进一步完善2024年工作计划，并认真抓好落实，充分调动各类市场主体的积极性，提炼一批可推广的实用技术和领先技术，将智能建造新技术新产业落到实处、做出实效，形成一批可感知、可量化、可评价的试点成果，为全行业探索出一套可复制可推广的经验模式，努力打造建筑业高质量发展的标杆。

图1-11　智能建造工作推进会（2024年4月，广东省深圳市）

2. 省级主管部门发展智能建造的创新举措

1）加大政策引导力度

天津、重庆、内蒙古、辽宁、江苏、湖北、广东、四川、陕西等省级人民政府积极贯彻落实中央文件精神，将发展智能建造纳入地方《国民经济和社会发展第十四个五年规划和 2035 年远景目标纲要》或政府工作报告。北京、山西、内蒙古、黑龙江、江苏、福建、江西、湖北、广东、重庆、四川、陕西、甘肃、青海等省级住房和城乡建设主管部门积极贯彻落实住房和城乡建设部政策文件精神，出台发展智能建造的实施意见（表 1-6、表 1-7），明确发展目标、重点任务和保障措施，完善省级层面顶层设计。

部分省级住房和城乡建设等主管部门关于发展智能建造的政策文件　　　　表 1-6

序号	省/直辖市	发布时间	文件名称及文号
1	北京市	2023 年 6 月	《北京市住房和城乡建设委员会等十二部门关于印发〈北京市推动智能建造与新型建筑工业化协同发展的实施方案〉的通知》（京建发〔2023〕197 号）
2	山西省	2021 年 6 月	《山西省住房和城乡建设厅等部门关于印发〈关于推动智能建造与建筑工业化协同发展的实施方案〉的通知（第 70 号）》（晋建市字〔2021〕70 号）
		2023 年 9 月	《山西省住房和城乡建设厅关于印发〈推动建筑业工业化、数字化、绿色化发展的实施方案〉的通知》（晋建科函〔2023〕626 号）
3	内蒙古自治区	2021 年 1 月	《内蒙古自治区住房和城乡建设厅等部门关于印发内蒙古自治区推动智能建造与新型建筑工业化协同发展实施方案的通知》（内建市〔2021〕13 号）
4	江苏省	2023 年 1 月	《江苏省住房和城乡建设厅关于印发〈关于推进江苏省智能建造发展的实施方案（试行）〉的通知》（苏建建管〔2022〕259 号）
5	福建省	2023 年 6 月	《关于印发〈关于加快推进福建省智能建造发展的工作方案〉的通知》（闽建筑〔2023〕13 号）
6	江西省	2023 年 9 月	《关于印发〈江西省加快推进智能建造发展工作方案〉的通知》（赣建网信〔2023〕7 号）
7	湖北省	2021 年 9 月	《湖北省住房和城乡建设厅等部门关于推动新型建筑工业化与智能建造发展的实施意见》（鄂建文〔2021〕34 号）
8	广东省	2022 年 1 月	《广东省住房和城乡建设厅等部门关于推动智能建造与建筑工业化协同发展的实施意见》（粤建市〔2021〕234 号）
9	重庆市	2020 年 12 月	《重庆市住房和城乡建设委员会关于推进智能建造的实施意见》（渝建科〔2020〕34 号）
10	四川省	2021 年 7 月	《四川省住房和城乡建设厅等部门关于推动智能建造与建筑工业化协同发展的实施意见》（川建建发〔2021〕173 号）
11	陕西省	2021 年 2 月	《陕西省住房和城乡建设厅等部门关于推动智能建造与新型建筑工业化协同发展的实施意见》（陕建发〔2021〕1016 号）
12	甘肃省	2021 年 2 月	《甘肃省住房和城乡建设厅等关于推动智能建造与建筑工业化协同发展的实施意见》（甘建建〔2021〕17 号）
13	青海省	2021 年 12 月	《青海省住房和城乡建设厅等部门印发〈关于推动智能建造与新型建筑工业化协同发展的实施意见〉的通知》（青建工〔2021〕330 号）

续表

序号	省/直辖市	发布时间	文件名称及文号
14	山东省	2024年5月	《山东省住房和城乡建设厅关于印发〈大力推进山东省智能建造 促进建筑业工业化、数字化、绿色化转型升级的实施方案〉的通知》（鲁建建管字〔2024〕2号）

部分省级住房和城乡建设等主管部门关于发展智能建造的创新举措　　表1-7

序号	省/直辖市	支持政策
1	北京市	将智能建造作为发展数字经济的重要内容，在《北京市数字经济促进条例》中明确支持建筑产业互联网发展，推进建筑产业数字化转型升级
2	上海市	在申请容积率奖励的商品房项目中积极推广智能建造，要求房地联动价8万～10万元的项目必须选用智能建造或近零能耗建筑技术措施，要求房地联动价10万元（含）以上的项目必须采用智能建造技术
3	重庆市	将建筑机器人纳入全市战略性新兴产业进行重点培育，同时结合软件和信息服务业"满天星"行动计划，大力发展工程建造软件相关产业
4	江苏省	在省优质工程奖"扬子杯"中增设智能建造专项，由企业自主申报、评委会按照专项标准开展评审。2023年，首批3个项目获奖
5	湖北省	支持建筑业企业做专做精，积极培育智能建造领域的省级专精特新"小巨人"企业，符合条件的支持申报国家级专精特新"小巨人"企业
6	陕西省	对认定的智能建造试点示范项目，经核查未发生质量安全事故等问题的，授予省级优质工程奖，并按照规定要求计取优质优价费用
7	河南省	修订《河南省建设工程工程量清单招标评标办法》，将智能建造技术应用列为技术标评审内容之一

2）开展省级试点示范

一是安徽、山东、湖北、四川开展省级智能建造试点城市建设。安徽将合肥、阜阳2个城市列为省级智能建造试点城市，并给予每个试点城市500万元财政资金支持；山东省将淄博、济宁、日照、德州4个城市列为省级智能建造试点城市；湖北省将襄阳、宜昌2个城市列为省级智能建造试点城市；四川省将成都、绵阳、宜宾、达州4个城市列为省级智能建造试点城市。二是广东、陕西、河南、四川、湖北、安徽先后确定了一批省级智能建造试点项目（表1-8）。相关省级主管部门定期开展项目实施进展跟踪和经验总结，广泛宣传推广试点经验。

部分省级主管部门关于开展智能建造试点示范　　表1-8

序号	省份	发布时间	省级智能建造试点项目
1	广东省	2022年9月	确定广州市白云沙亭岗新社区棚改项目等42个项目为第一批省级智能建造试点项目

序号	省份	发布时间	省级智能建造试点项目
2	陕西省	2022 年 12 月	确定西安咸阳国际机场三期扩建工程东航站楼等 9 个项目为第一批省级智能建造现场观摩项目
3	四川省	2023 年 5 月	确定四川天府新区建工大厦建设项目等 13 个项目为第一批省级智能建造试点项目
4	河南省	2023 年 6 月	确定河南大学郑州校区学生宿舍等 29 个项目为第一批省级智能建造试点项目
5	湖北省	2023 年 8 月	确定中建壹品·汉芯公馆项目等 53 个项目为第一批省级智能建造试点项目
6	安徽省	2023 年 11 月	确定合肥新桥国际机场 T2 航站楼等 29 个项目为第一批省级智能建造试点项目
7	江苏省	2024 年 4 月	确定南京市建邺 NO.2022 G71 地块项目等 28 个项目为 2023 年度省级智能建造试点项目
8	山东省	2024 年 5 月	确定济南市黄岗路穿黄隧道工程等 102 个项目为第一批省级建筑工程智能建造试点项目

3）加强技术研发推广

一是加强技术实施指引。江苏省发布《智能建造关键领域实施指南》，围绕建筑产业互联网平台、"BIM+"数字一体化设计、建筑机器人及智能装备、部品部件智能生产、智能施工管理五方面指引技术研发推广方向。福建省印发《智能建造应用场景指南》，推广设计、生产、施工、运维 4 个阶段 13 个智能建造应用场景的 51 项关键技术。湖北省编制发布《智能建造技术手册》，根据技术的应用成熟度、推广难易度、成本等综合划分为常规项、推荐项、创新项，为智能建造关键技术的推广应用提供系统性指导。河北省印发《建筑工程智能建造技术目录》，推广 6 大类 31 项智能建造技术。二是编制关键技术标准。辽宁省印发《智能建造项目全生命周期应用导则》，以提升工程质量安全为目标，为工程项目在规划、勘察、设计、建造、交付、运维、拆除全生命周期集成应用智能建造技术提供指导。三是强化创新人才保障。黑龙江省探索校企协同育人模式，推动建筑企业与高校共建黑龙江省智能建造产业学院并获批首批省级现代产业学院建设点，采用"定制-非定向"的人才培养模式，共同培养智能建造专业人才。

3. 国内智能建造发展面临的问题和障碍

目前，发展智能建造已在建筑行业内形成广泛共识，各试点城市初步建立了政策体系框架，企业转型发展的积极性和主动性明显提高，部分地区的智能建造产业基础已初步具备，部分专业领域的智能建造应用场景正在逐渐成型。但从总体来看，智能建造工作仍处于探索发展阶段，还面临着一些亟待解决的问题障碍。

一是基础共性研究相对滞后。虽然已经有部分企业开展了智能建造领域的探索，但总体还处在碎片化的尝试阶段，缺少系统性的集成创新，尚未形成成熟的成套技术方案。国产 BIM 软件、建筑机器人等底层关键技术已有突破，但技术成熟度距离国际先进水平仍有较大差距。关于智能建造的理论研究刚起步，成果还很匮乏，相关技术标准尚不明确，容易造成认识和工作方向的偏差，也不利于智能建造的系统化发展和产业化推广。

二是部门政策合力有待加强。发展智能建造涉及住房和城乡建设、发展改革、科技、工业和信息化等多个领域，只有从各方面形成政策合力，才能充分调动市场主体积极性，共同推动跨行业融合发展。在国家层面，虽然住房和城乡建设部会同 12 个部门联合印发了《关于推动智能建造与建筑工业化协同发展的指导意见》，但财政补贴、税收优惠等方面的支持政策还缺乏针对性。在地方层面，部分试点城市出台了土地、财税、金融等方面的支持政策，做出了积极的尝试，但实施效果还有待跟踪落实。

三是市场推广机制尚未成熟。从长期看，在新一轮科技革命和产业变革的背景下，发展智能建造、加快科技赋能、提高产业现代化水平是新时期建筑业发展的正确方向。但目前，受限于科技研发周期长、成本高等客观因素，以及新产品新业态新模式大多缺乏法规、标准、定额作为支撑，工程建设项目应用智能建造技术往往会产生一定的增量成本，不利于大规模推广应用。现阶段应当坚持惠民实用的价值导向，重点抓好应用场景建设，不断推进智能建造技术迭代升级，同时加快完善法规制度和标准规范体系，待条件成熟后择优推广，让行业广泛受益。

二、智能建造试点工作推进情况

（一）智能建造试点工作推进情况

按照住房和城乡建设部工作要求，24个智能建造试点城市因地制宜制定了实施方案和年度工作计划，并在政策支持、项目建设、产业培育、科技创新、管理创新、组织领导、完善标准、人才培养等方面取得了初步成效。

1. 试点工作进展情况

1）加大政策支持，充分调动市场主体积极性

各地政府高度重视智能建造工作，主要体现在三个方面：一是工作站位高。如深圳将发展智能建造融入全市经济社会发展大局，写入《深圳"十四五"规划纲要》《深圳市科技创新"十四五"规划》等文件，并纳入全市生态文明建设考核，目标是通过培育智能建造新技术、新产业、新模式，既推动工程项目提品质、降成本，又带动工程软件、人工智能、物联网、高端装备制造等新兴产业发展，更好发挥建筑业支柱产业作用。二是推进机制规格高。城市层面，24个智能建造试点城市均成立了工作领导小组、联席会议或工作专班，其中17个城市由市领导牵头，加强部门协调联动，高位推动试点工作。如保定、嘉兴、台州、厦门、乌鲁木齐成立由市长牵头的智能建造试点城市工作领导小组或联席会议。省级层面，湖北省委多次召开智能建造专题会议，听取全省工作情况，研究部署工作。三是工作督导到位。成都、长沙、深圳、青岛、合肥、台州等城市分别将智能建造试点工作纳入全面深化改革、生态文明建设、城乡绿色发展等考核体系，压实各区县和部门工作责任，强化激励机制。佛山建立"年初计划、季度督导、半年通报、年终总结"工作督导考评机制。

在此背景下，各地结合地方实际，出台了一系列支持政策，充分调动市场主体积极性。一是给予资金奖补支持。如深圳将智能建造纳入工业和信息化产业发展专项资金、战略性新兴产业发展专项资金的重点支持领域，最高资助 2000 万元；青岛出台支持建筑产业互联网和智能工厂发展政策，对新入选的国家级"双跨"工业互联网平台、特色专业型工业互联网平台，市级智能工厂、数字化车间或自动化生产线的企业，给予一次性 30 万元至 1000 万元奖励；合肥对智能建造领域投资额 100 万元（含）以上的建筑业企业，按投资额的 20% 给予最高 200 万元补贴。二是给予用地供应政策支持。如湖北对建筑业企业申请智能建造研发生产用地，参照工业企业供地优惠政策予以统筹安排；深圳对智能建造生产工厂建设用地土地产出率和地均纳税额两类指标允许参照产业项目建设用地控制标准指南中绿色低碳产业指标的 50%～70% 执行。三是给予金融税收政策支持。如保定对符合条件的智能建造相关企业，按规定落实研发费用加计扣除、设备器具所得税前扣除等惠企政策，切实降低企业创新成本。四是给予评奖评优支持。如江苏在省内优质工程奖"扬子杯"中设立智能建造专项，重庆将智能建造技术应用情况纳入巴渝杯优质工程奖评选条件，福建在省级优质工程奖、勘察设计奖等奖项评定中增设智能建造分值。五是给予人才培养支持。如重庆培育巴渝智能建造大师、优秀青年智能建造师和巴渝智能建造工匠；北京将智能建造专业人员相关业绩纳入职称评审管理范畴。

2）积极培育产业，更好发挥建筑业支柱产业作用

各地以智能建造为抓手积极推动建筑、建材、工程机械等传统产业向数字化、智能化和绿色化转型，初步形成了数字设计、智能生产、智能施工、建筑产业互联网和建筑机器人等一批新技术、新产业和新业态。一是建设智能建造产业集群。如武汉将智能建造作为 9 大支柱产业集群之一进行培育，实施链长负责制，总链长由市委、市政府主要领导同志担任；重庆将建筑机器人纳入全市战略性新兴产业进行重点培育，组建建筑机器人产业发展基金；深圳将智能建造作为战略性新兴产业重点发展方向，积极培育智能设计、智能生产、建筑产业互联网、数字孪生平台、智能建造装备、模块化智造 6 条产业链；沈阳积极打造智能建造产业园，建设企业孵化中心、技术交易中心、人才培训中心；台州推动智能建造产业集聚发展，建设集科研开发、产品生产、应用展示、技能培训、物流运输等功能于一体的新业态、新模式智能建造产业园区。二是培育智能建造"专精特新"企业。如重庆市国有资产监督管理委员会对市属国有建筑企业加大创新考核力度，推动相关企业带头实施智能建造；长沙组织申报智能建造"专精特新"企业，明确创新性指标要求。

3）开展试点示范，推动工程项目提品质、降成本

截至 2023 年 12 月，24 个智能建造试点城市公布了 625 个试点项目，为企业探索智能建造应用场景提供了良好的载体。各城市在遴选试点工程时注重突出地方特色、解决实际问题，更好地服务地方经济发展和民生保障。一是因地制宜确定试点范围。如苏州要求自 2023 年 5 月起，政府投资房建工程单项 5 万平方米以上项目，应率先试用成熟建筑机器人；重庆要求新建轨道交通项目、单体建筑面积大于 2 万平方米的房屋建筑项目、概算投资大于 5 亿元的市政基础设施项目，应按要求选用智能建造技术推广目录相关技术。二是积极拓展应用场景。如合肥淮河路步行街片区城市更新改造项目采用 BIM 辅助设计、装配化装修等技术手段，提高了建造速度和质量，在更新改造的同时保障了商户正常营业。同时，通过埋设点状智能化传感器的方式，实现了复杂管网及建筑构件运行状态的实时监控和高效维护。青岛中山路历史城区保护更新项目中基于倾斜实景三维、激光扫描、BIM 等技术，对历史建筑进行了精细化三维模型构建，并通过布设倾斜、裂缝、沉降和振动等传感器，建立了在线监测系统环境，完成了历史建筑在线实时监测网的建立、监测数据的实时采集解析及预警分析等内容，为历史建筑安全健康运行提供了关键技术支撑。三是明确技术实施要求。如广州、哈尔滨、台州在工程招标文件中对智能建造技术应用提出明确要求；武汉、嘉兴、温州、佛山、西安、青岛等地以提质增效为目标，出台了智能建造试点项目评价指标，明确必选指标和可选指标供试点项目因地制宜选用。

通过对不同类型工程项目的对比分析发现，目前实施效益较好的智能建造应用场景包括三个方面：一是大型复杂工程项目。如 BIM 软件的管线碰撞检查、工程量计算、施工模拟等功能在机场、体育馆、剧院、工业建筑等复杂项目中得到建设单位一致好评。二是"危、繁、脏、重"施工环节。如混凝土浇筑环节劳动强度大、工作时间长、作业环境差，通过应用智能化混凝土布料机，只需 1 名工人操控手柄即可完成布料作业，既减轻了劳动强度，受到工人欢迎，也减少了操作工数量，节约了人工成本。三是设计施工运维一体化项目。如城市轨道交通项目基于后期数字化运维需求，建设单位应用全生命周期数字化管理平台的积极性高，基于 BIM、传感器等技术的隐蔽工程可视化管理、运行状态在线监测、资产设备快速定位等功能效益显著。此外，北京、合肥、深圳、青岛等地也在积极探索既有住宅装配化装修数字化管理平台、房屋安全监测、老旧小区快速加装电梯等城市更新领域的应用场景。

4）加强科技创新，推广智能建造惠民实用技术

各地积极推动技术研发和成果转化，建立产学研一体的协同机制，引导相关科研院所、骨干企业、行业协会编制智能建造相关标准规范。一是设立智能建造科研项目。嘉兴、苏州在全市科研项目申报中部署智能建造技术研究内容，每个研究项目最高可获得 100 万元的财政资助。二是推广智能建造新技术新产品。如深圳发布《深圳市智能建

造技术目录（第一版）》，明确 6 大类 31 项智能建造技术；温州发布《温州市智能建造装备推广目录（第一批）》，遴选确定了普及版工程装备、智能工程机械设备、专业版建筑机器人 3 大类 32 项智能建造装备；台州将应用智能施工升降机等智能建造装备作为评选建筑施工安全生产标准化管理优良工地的加分项。三是推动建设科技创新平台。如湖北省和武汉市支持华中科技大学牵头建设国家数字建造技术创新中心，加快攻关数字化设计与 CIM、智能感知与工程物联网、工程装备智能化与建造机器人、工程大数据平台与智能服务等关键共性技术；北京组织申报智能建造创新中心，鼓励建设、设计、生产、施工、运维、装备、软件、科研院校等单位组成联合体攻关智能建造关键核心技术；台州成立本地骨干企业和高等院校参与的 BIM 中心，加强智能建造协同创新。四是完善标准规范。天津积极搭建智能建造标准体系，组织编制《天津市民用建筑工程智能建造技术应用导则》《天津市轨道交通工程智能建造技术规程》等地方标准；苏州、佛山出台建筑机器人补充定额，涵盖整平、喷涂和墙板安装等相对成熟的建筑机器人作业场景；青岛完善 BIM 应用指南、项目实施管理等标准，以数据为要素驱动智能建造高质量发展。

5）创新管理机制，提升工程建设数字化监管水平

各地积极创新管理机制，加强工程项目全过程数字化管理，建立健全与智能建造相适应的监管方式。一是搭建建筑业数字化监管平台。如台州针对当前预拌混凝土的源头材料把关不严、生产数据监管缺失、两端责任不明、质量追溯复杂等行业痛点和堵点，建设了预拌混凝土从原材料、生产、运输、销售、使用全过程数字化监管系统，实现混凝土生产即时预警、运输全程跟踪、质量实时追溯，保证建筑工程实体质量。二是探索基于 BIM 的报建审批。如广州积极探索基于 BIM 技术的项目设计方案、项目报建的联动审查机制，以及施工图设计文件审查、质量安全监管、竣工验收、造价指标指数发布、档案存档、运营维护等机制，实现对工程项目全生命周期数字化监管。

6）培育专业人才，加大人才政策支持力度

各地大力支持本地高校探索智能建造人才培养模式和评价模式改革，加强智能建造人才队伍建设。一是支持高校开设智能建造本科专业。自 2018 年教育部批准同济大学开设国内第一个智能建造本科专业后，东南大学、华中科技大学、重庆大学、哈尔滨工业大学、青岛理工大学等高校也陆续开设。截至 2023 年 12 月，开设高校已达 106 所。其中，2023 年 4 月，教育部批准湖南大学等 38 所高校设立智能建造本科专业，数量居全国年度新增专业第五。二是加强高层次人才培养。如台州将智能建造培训纳入干部教育培训计划，由市委组织部、市住房和城乡建设局共同组织面向各县市区分管领导、本地特级建筑企业主要负责人的智能建造专题培训；嘉兴鼓励智能建造领域人才（团队）申报"星耀南

湖"人才计划，给予入选人才最高 60 万元项目资助、最高 100 万元的标准制定和专利成果激励以及 60 万元的人才房票（或购房补贴）等政策支持。三是加强专业技能培训。如深圳市支持开展智能建造相关职业技能培训和竞赛，将智能建造专业职业能力培训列入职业技能培训补贴目录，给予每人每学时 30 元的补贴。四是深化人才培养合作。如武汉支持高校、骨干企业、地方中小企业中心、行业协会、产业园区等单位联合创建智能建造"专精特新产业学院"，为智能建造专精特新企业培养技能型人才；温州支持建筑企业与温州职业技术学院共建智能建造实训中心，遴选文化水平好、接受能力强的年轻工人培育智能建造专业班组，探索"智能建造装备＋产业工人"新型劳务模式；台州加强与地方高校的合作，同台州学院共建智能建造实训基地。

2. 2023 年度试点工作情况总结评估

为贯彻落实全国住房城乡建设工作会议精神，按照住房城乡建设部等部门《关于推动智能建造与建筑工业化协同发展的指导意见》（建市〔2020〕60 号）等有关部署，住房和城乡建设部对 24 个智能建造试点城市 2023 年度工作情况开展了总结评估。

1）试点工作总体进展

试点开展以来，各试点城市紧密围绕贯彻落实党的二十大精神和中央经济工作会议精神，以发展智能建造、推动建筑业转型升级为目标，建立统筹协调工作机制，加大政策支持力度，有序推进各项试点任务，取得了积极进展和成效。

（1）建立工作机制

24 个试点城市均建立智能建造试点工作协调机制，其中 17 个城市由市政府负责同志牵头。出台了土地、规划、财政、科技、人才、招标投标、评优评奖等一系列支持政策。将 506 家企业纳入智能建造骨干企业培育名单，其中 214 家企业获批国家级高新技术企业、108 家企业获批国家级或省级"专精特新"企业。公布了 758 个智能建造试点示范工程项目，其中包括住宅类项目 209 个、城市更新类项目 17 个。

（2）取得工作成果

24 个试点城市支持有关单位启动建设 39 个智能建造科技创新平台，其中国家级平台 2 个、省部级平台 19 个。立项智能建造相关科研项目 105 个，7 项技术研发成果获得省级以上首台（套）重大技术装备认定，10 项技术研发成果获得省级以上首版次软件产品认定。颁布实施 47 项智能建造相关标准、定额和导则，内容涉及建筑信息模型（BIM）、建筑机器人、智能建造项目评价等方面，其中建筑机器人补充定额已在 6 个城市落地实施。有 99 所高校开设智能建造专业或方向，2022 年招生 3562 人，2023 年招生

5539 人。

（3）形成经验做法

通过试点，形成 42 方面 130 条可复制经验做法，为全国提供了示范样板。各试点城市共组织百余场技术交流和项目观摩活动，通过各类媒体宣传推广，在行业内营造了良好的创新发展氛围，提高了社会各界对建筑业高质量发展成果的认知度。

2）试点城市评估结果

经试点城市自评、试点城市互评、专家组会评，综合运用数据统计、成果分析、专家评议等方法，对 24 个试点城市 2023 年度工作情况的评估意见如下。

深圳、苏州、武汉、合肥、广州、长沙、温州、台州 8 个试点城市组织推进力度较大，各项试点任务进展明显，工作成效突出，综合表现优秀，予以表扬。其中，深圳市认真落实创新驱动发展战略，积极促进建筑业与先进制造业、新一代信息技术产业跨界融合，不断拓展智能建造应用场景，初步形成模块化建筑、建筑产业互联网、人工智能辅助设计等 6 项创新产业布局，着力打造智能建造"技术策源地"。苏州市提出主推智能装备"硬件"、催生配套技术"软件"的路径规划，聚焦建筑机器人、智能升降机等施工装备投资建设产业实体，并在技术研发、工程应用服务、专业人才培养、质量安全监管等方面完善配套措施，率先推进智能建造产业化发展进程。武汉市发挥大型企业、科研院所集聚优势，研发应用造楼机、架桥机、筑塔机等一批标志性智能建造技术产品，部署构建基于 BIM 的工程项目全流程审批管理体系，努力探索"一模到底、数字建造、智慧监管"的工程建设新模式。合肥市对建筑企业投资智能建造相关软件研发、设备采购、信息技术服务给予资金奖励，通过开展建筑产业互联网片区试点提升产业链协同能力，培育形成一批住房城乡建设领域"专精特新"企业，打造中小企业转型发展的新样板。广州市立法明确 BIM 可用于工程建设项目报建审批，围绕工业化、数字化建造流程出台地方标准规范，建成使用"一屏管工地"智慧监管一体化平台，加快完善与智能建造相适应的建筑业法规制度体系。长沙市组织专家团队加强智能建造产业体系和技术体系研究，对试点示范工程项目给予"点对点"技术咨询服务，积极推进新型建造方式和建设管理模式的探索和实践。温州市积极探索"智能建造装备 + 产业工人"新型劳务模式，通过统筹推进智能建造装备库、劳务班组库和试点项目库"三库"协同发展，着力培育熟练掌握施工现场人机协作技能的专业劳务班组，为建筑业转型升级强化人才支撑。台州市支持本地企业推进建筑施工领域设备更新，聚焦起重机械、钢筋绑扎、楼板打孔等"危繁脏重"场景研发应用智能化施工机具，并通过数字化手段加强质量安全管控，由点及面推动施工现场作业方式和监管方式转型。

北京、佛山、西安、南京、重庆、青岛、嘉兴、天津、保定、郑州、厦门、雄安新区、成都、沈阳、乌鲁木齐、哈尔滨 16 个试点城市均顺利完成了年度工作计划，并结合地方特色积极探索不同类型的智能建造发展模式，工作表现总体良好。

同时，试点工作仍然存在一些短板和不足。一些试点城市的工作推进力度有待加强，工作成效不够显著，需要按照试点实施方案尽快拿出有效的工作举措，加快工作进度，确保在试点期间完成预期任务。一些试点城市的工作重点不够聚焦，出台政策措施的针对性不强，需要进一步加强对试点工作思路的研究和谋划，确保下一步工作方向符合试点任务框架要求。

3）下一步工作要求

2024 年是试点工作落地见效的关键一年，各试点城市要进一步提高认识，紧密围绕党中央、国务院决策部署，认真贯彻落实全国住房城乡建设工作会议工作安排，充分发挥政策引导作用，有效激发经营主体创新活力，不断推动试点工作走深走实，确保如期完成 2024 年工作任务，力争取得可感知、可量化、可评价的工作成效。

（1）政策要落地

充分发挥跨部门协调机制作用，引导科研、金融、人才等政策资源投向智能建造领域，支持建筑企业的转型发展需求。加快落实已出台支持政策，确保相关优惠政策直达企业和项目，形成有效激励。研究推进有关标准定额的编制和实施，探索新的工程建设模式和计价规则。加强配套制度建设，完善建筑市场和质量安全监管措施。

（2）技术要实用

扎实推进智能建造试点示范工程建设，跟踪评估项目实施效益，提炼一批在提品质、降成本等方面成效显著的实用技术。用好科技创新平台，加强产学研融合，巩固和提升智能建造领域领先技术。依托科研项目和试点工程，培养一批智能建造领域的科研领军人才、专业技术人员和新型劳务班组。

（3）产业要成型

鼓励有条件的试点城市研究绘制智能建造产业链图谱，明确产业发展重点，稳步培育骨干企业。鼓励开展智能建造产值测算研究，探索以产业园区为重点对象开展产值统计工作。结合地方实际筹划举办技术交流和产业推介活动，宣传推广可复制经验做法和典型案例，支持优秀建筑企业高质量"走出去"。

住房和城乡建设部将持续跟踪调研各试点城市的政策实施进展、科技创新成果、经济社会效益等，择优遴选可复制经验做法、先进实用技术和典型工程案例在行业内予以推广。

（二）发展智能建造的可复制经验做法清单

1. 第一批可复制经验做法清单

表 2-1

序号	工作任务	主要举措	经验做法	来源
一	发展数字化设计	（一）明确实施范围和要求	1. 明确政府投资项目，2 万平方米以上的单体公共建筑项目，装配式建筑工程项目，3 万平方米以上的房地产开发项目以及轨道交通工程、大型道路、桥梁、隧道和三层以上的立交工程项目，在设计、施工阶段采用建筑信息模型（BIM）技术的要求。 2. 建设单位在编制项目可研估算、概算时，在工程建设其他费用中单独列项计取 BIM 技术应用费，投资主管部门对 BIM 应用相关费用进行审核。 3. 建设单位在工程咨询、设计、施工、监理等招标文件中明确采用 BIM 技术的具体要求，在合同中约定应用深度和提交成果，投标评审专家组中应有 BIM 专项评审专家	上海市、湖南省、重庆市、广东省深圳市福田区
		（二）强化工程建设各阶段 BIM 应用	规划审批阶段，在规划审查和建筑设计方案审查环节采用 BIM 审批。施工图设计审查阶段，采用施工图 BIM 审查。竣工验收阶段，采用 BIM 交付标准，开展三维数字化竣工验收备案。运维阶段，通过 BIM 技术结合物联网技术实现建筑运维数字化报警，实时响应、提高管理效率、降低使用成本、延长设备使用寿命	上海市、重庆市、河北雄安新区、广东省广州市
		（三）采用人工智能技术辅助审查施工图	研发人工智能辅助审查施工图系统，并与设计审图系统对接。针对建筑、结构、给水排水、暖通、电气 5 大专业的国家规范，实现批量自动审查，单张图纸自动审查时同平均约 6 分钟，准确率达到 90% 以上	广东省深圳市，重庆市万科四季花城项目
		（四）给予财政资金奖补等鼓励政策	1. 对 BIM 应用示范工程项目，每平方米奖补 10 元，奖补金额不超过项目建安工程费用的 1%，且单个项目最高奖补不超过 50 万元。 2. 将数字化设计应用作为绿色生态住宅小区评定、智慧工地创建等内容之一。 3. 将 BIM 技术竞赛获奖人员推荐申报"技术能手""五一劳动奖章"等荣誉称号	山东省、重庆市、福建省厦门市、广东省深圳市南山区

续表

序号	工作任务	主要举措	经验做法	来源
二	推广智能生产	（一）建立基于BIM的标准化部品部件库	编制装配式建筑标准化部品部件图集，以此为基础建立基于BIM的标准化部品部件库，明确部品部件分类编码规则，二维码赋码规则，无线射频识别（RFID）信息规则，赋予部品部件唯一身份信息，推动建立以标准化部品部件为基础的专业化、规模化、信息化生产体系	湖南省，四川省，广东省深圳市长圳公共住房项目
		（二）打造部品部件智能生产工厂	1. 建设钢构件智能生产线，实现上料、切割、下料、余废料回收、焊接等流程"无人化"工作。 2. 建设预制混凝土智能生产线，将BIM模型智能解析为生产数据，通过物联网和智能技术推动生产设备在线联动，实现自动划线，混凝土智能布料和布置模具、预埋件激光定位检查、钢筋网片自动加工、机器人自动布置全自动养护。 3. 研发应用预制构件专用运输车，通过降低车辆底盘，最大构件运输高度由2.8米增加至3.75米，减少道路限高限宽的制约，实现自动装卸，作业时间缩短2/3。 4. 利用RFID、二维码等物联网技术，实现预制构件从生产、加工、储存、调拨、出库、运输、进场验收等全过程的智能识别、定位、跟踪、监控和管理	上海市嘉定新城金地菊园社区项目，广东省深圳市公共住房项目，江苏市南京市长圳公租房项目，广东省盛路钢结构公租房项目，重庆市美好天赋项目
		（三）建立预制构件质量追溯系统	预制构件生产企业通过植入RFID芯片或粘贴二维码等，在系统中实时录入原材料检验、生产过程检验，部品生产入库和部品运输单等信息，实现全过程质量责任可追溯	江苏省南京市江宁区，湖南省长沙市
三	推动智能施工	（一）制定统一的智慧工地标准	统一功能模块标准，确定智慧工地具备的主要功能；统一设备参数标准，确定智慧工地实施内容应包含的数据工地相关功能设备的基本要求；统一数据格式标准，确定智慧工地端与政府对接的数据格式，实现项目端与政府端平台互联互通项；统一平台对接标准，确定平台端数据互联互通	江苏省，四川省成都市
		（二）推进基于BIM的智慧工地策划	研发应用基于BIM的智慧工地策划系统，自动采集项目相关数据信息，结合项目施工环境、节点工期、施工工艺因素，对项目施工场地布置、施工机械选型、施工计划、资源计划、施工方案等内容做出智能决策或提供决策辅助决策，避免施工工程序不合理、设备调用冲突、资源不合理利用、安全隐患、作业空间不充足等问题	上海市嘉定新城金地菊园社区项目，重庆市绿地新里秋月台项目
		（三）夯实各方主体责任	1. 建设单位按合同约定保障智慧工地建设费用使用计划并加强监管。 2. 总承包单位对智慧工地建设负责，完善并落实智慧工地建设费用使用计划，督促施工单位制定智慧工地建设费用使用计划，规	北京市，浙江省，重庆市

续表

序号	工作任务	主要举措	经验做法	来源
三	推动智能施工	(三)夯实各方主体责任	……范资金使用,强化各类设备运行维护保障工作。 3. 监理单位督促推进智慧工地建设,并有效应用于施工现场实际管理。 4. 行政主管部门将智慧工地实施情况纳入评价指标体系,实施差别化监管与督导,将实施情况较差的企业和项目纳入重点督查范围	北京市、浙江省、重庆市
		(一)制定建设指南	制定《建筑产业互联网建设指南》,明确建筑产业互联网概念、内涵和主要建设内容,提出制定标准规范、建立生态体系和加强平台管理等方面的工作要求,为建设建筑产业互联网平台提供方向指引	四川省
		(二)政府搭建公共服务平台	政府投入1500万元财政资金,建立全省统一的装配式建筑全产业链智能建造平台,推动全产业链高效共享各种要素资源,企业可以利用该平台进行BIM正向设计,通过链接标准部品部件库以及生产和施工管理系统,初步实现标准化设计方案一键出图,施工数据一键导入工厂自动排产,施工进度与BIM设计模型动态关联,施工高危环节远程实时监管和动态预警	湖南省
四	建设建筑产业互联网平台	(三)积极培育重点细分领域行业级平台	1. 鼓励企业研发装配式建筑产业互联网平台,基于进度计划预测人力资源、构件到货、设备需求、资金需求,实现项目全周期、全要素、全角色在线协同管理,打通建设计、生产和施工等环节的数据,并通过二维码、RFID等物联网技术实时跟踪项目进展。 2. 培育集电子化招标、网上交易、供应链金融、物流服务于一体的工程物资采购类产业互联网平台,将传统线下询价、招标投标、订单、合同、结算等业务转移到线上进行,改进传统建筑物资采购流程与交易时间,降低企业采购成本。 3. 基于建筑工人实名制,打造"质量可追溯、信用可评价、薪资有保障"的建筑劳务用工产业互联网平台,实现施工任务分发和工作量认定记录在线化,操作班组要约报价在线化,班组和工人管理在线化,降低了用工成本和管理成本	湖南省、四川省
		(四)鼓励大型企业建设企业级平台	依托企业级智能建造平台贯通供应链、产业链、价值链,为大型企业管理所有在建工程项目提供控制中枢,涵盖设计、量算计价、招标采购、生产、施工以及运维等的所有在建筑全生命周期的高效传递、交互和使用	广东省深圳市长圳公共住房项目,重庆市万科四季花城三期项目

续表

序号	工作任务	主要举措	经验做法	来源
五	研发应用建筑机器人等智能建造设备	（一）普及测量机器人和智能测量工具	1. 应用土方量测量无人机，一键采集地形信息，通过自主知识产权软件进行土石方量快速计算，效率是人工的40倍，可节省成本20%以上。 2. 应用三维测绘机器人，由机器人自动规划路径到达待测区域，通过点云扫描获快速精确自动扫描墙面、柱面的平整度和垂直度。 3. 应用智能实量实测工具，包括智能测距仪、智能卷尺、智能阴阳角尺等，可将数据通过蓝牙传输至手机客户端，自动统计形成智能报表并上传至云端，实现实测实量免计数、免读数、提高实测效率和准确度，并实现数据智能分析。	广东省深圳市长圳公共住房项目，广东省佛山市顺德凤桐花园项目
		（二）推广应用部品部件生产智能设备	1. 以钢筋制作安装、模具安拆、混凝土浇筑、钢构件下料与焊接、隔墙板和集成厨卫加工等工厂生产环节为重点，推进工艺流程数字化和建筑机器人应用。 2. 应用智能钢筋绑扎机器人绑扎钢筋网笼，可实现钢筋自动夹取与结构搭建，钢筋视觉点识别追踪与定位、钢筋节点自动化绑扎等功能，是人工绑扎效率的3倍。 3. 应用模具安拆机器人，根据自动解析的构件信息，实现边绑模等模全过程自动化生产	上海市嘉定新城金地菊园社区项目，广东省深圳市长圳公共住房项目，重庆市美好家赋项目
		（三）加快研发施工机器人和智能工程机械设备	1. 在材料配送、钢筋加工、喷涂、布料、铺贴、替代"危、繁、脏、重"的施工作业。 2. 推广应用智能施工机器人搭式工程起重机、智能混凝土泵送设备、自升式智能施工平台、智能运输设备等智能化工程机械设备，提高施工质量和效率	广东省佛山市顺德凤桐花园项目
六	加强统筹协作和政策支持	（一）建立协同推进机制	建立联席会议制度，统筹各部门协同推进智能建造发展，由省级住房和城乡建设部门牵头，发展改革、教育、科技、工业和信息化、财政等部门配合，定期组织召开会议，研究解决推进中遇到的困难，加强统筹协作	陕西省
		（二）加大土地、财税、金融等政策支持	1. 财政政策方面，将智能建造纳入省级重点研发等科技计划项目予以财政支持。 2. 金融优惠方面，支持新型建筑工业化企业通过非金融企业债务融资工具融资；引进大型专用先进设备的智能建造企业可享受与工业企业相同的贷款贴息等优惠政策。 3. 税收优惠方面，智能建造研发费用符合条件的可在计算应纳税所得额时加计扣除，企业购置使用智能建造重大技术装备，可按规定享受企业所得税、进口税收优惠政策	江西省、重庆市、陕西省

2. 第二批可复制经验做法清单

表2-2

序号	工作任务	主要举措	经验做法
一	加大政策支持力度	（一）融入经济社会发展大局	1. 苏州、郑州、保定、台州、长沙、厦门、成都、南京、哈尔滨、青岛先后以城市人民政府名义印发关于发展智能建造的实施意见或方案,加强组织领导,明确目标任务,出台支持政策,保障智能建造试点工作有序推进。 2. 天津、重庆、陕西、苏州、温州、台州、郑州、合肥、佛山、深圳、长沙、西安、乌鲁木齐等地将推进智能建造试点工作纳入政府工作报告。 3. 重庆、苏州、沈阳、武汉、深圳将智能建造工作纳入本地区国民经济和社会发展第十四个五年规划和二〇三五年远景目标纲要等重要文件,推动建筑业转型升级工作融入城市经济社会发展大局。 4. 北京、青岛将智能建造作为发展数字经济的重要内容。北京在《北京市数字经济促进条例》中明确支持建筑产业互联网发展,推进建筑产业数字化转型升级;青岛将发展智能建造作为《数字青岛发展规划（2023—2025年）》的重要内容,积极培育新业态新模式
		（二）给予资金奖补支持	1. 福建、雄安、沈阳给予智能建造试点工程项目资金奖补,智能设备租赁或采购等给予50万元资金奖励。福建对项目智慧管理平台建设、调动企业创新积极性。2022年共发放补贴1750万元,2023年安排了2000万元的补贴预算;雄安将智能建造列成城乡建设绿色发展专项资金支持范围,给予重点项目建设单位20万元资金奖励,对采用全过程BIM正向设计且应用效果良好的项目给予3元/平方米资金奖励;沈阳对智能建造试点示范项目给予200元/平方米资金补贴。 2. 深圳将数字化设计、建筑机器人、建筑产业互联网平台等智能建造关键技术的研发纳入战略性新兴产业发展专项资金、工业和信息化产业发展专项资金的重点支持领域,最高资助2000万元。 3. 合肥出台政策,对智能建造领域或相关软件研发、智能化设备采购、信息技术服务等方面投资额达到100万元（含）以上的建筑业企业,按投资额的20%给予资金补贴,最高200万元。 4. 苏州将智能建造作为全市重点布局的新兴产业,对关键技术改关、生产设备研制、首台（套）研发、配套软件开发、标准导则编制等制定等研发项目,给予不超过项目投资30%,最高500万元的支持。
		（三）给予用地供应政策支持	1. 深圳要求各区人民政府将智能建造产业工厂和生产工厂建设纳入建设用地供应计划,优先保障用地需求,明确土地产出率、地均纳税额等用地控制指标参照绿色低碳产业指标执行,并给予适当的折减优惠。 2. 雄安、南京、温州支持将智能建造应用要求纳入建设用地出让条件或国有土地划拨决定书;合肥将应用智能建造

续表

序号	工作任务	主要举措	经验做法
一	加大政策支持力度	（三）给予用地供应政策支持	技术纳入高品质商品商住住宅规划建设标准，作为商品住宅用地"竞品质"出让加分项。 3. 上海在申请容积率奖励的商品房项目中积极推广智能建造，要求房地联动价8万～10万元的项目必须选用智能建造或近零能耗建筑技术措施，要求房地联动价10万元（含）以上的项目必须采用智能建造技术。
		（四）给予评优评奖支持	1. 江苏在省优质工程奖"扬子杯"中增设智能建造专项奖。2023年，首批3个项目获得智能建造专项奖。 2. 山东、苏州、郑州在省级优质工程奖评选中增设智能建造评分项或将智能建造技术应用作为入选条件之一。 3. 陕西、保定、南京、西安对认定的智能建造试点示范项目，经核查未发生质量安全事故等问题的，授予省级或市级优质工程奖，并按照规定取取质优质价费用。
		（五）给予招标投标支持	1. 重庆、台州、广州、深圳、成都部分政府投资的智能建造试点示范项目在招标文件中对应用智能建造技术提出明确要求，并作为招标择优因素。 2. 河南修订《河南省建设工程工程量清单招标标价标办法》，将智能建造技术应用列为技术标评审内容之一。
二	推动建设试点示范工程	（一）积极开展试点开展示范	1. 广东、陕西、四川、河南、湖北、安徽先后确定了一批省级智能建造试点示范项目，定期开展项目实施进展跟踪和经验总结，广泛宣传推广试点经验。 2. 重庆要求4个试点区县，6家示范企业每年组织实施2个以上试点项目，推动智能建造技术的体系化应用，2023年已落实17个试点项目；要求全市新建轨道交通项目、单体建筑面积大于2万平方米的房屋建筑项目，概算投资大于5亿元的市政基础设施项目，按要求选用智能建造技术相关成果。 3. 深圳优先遴选保障性住房、学校、轨道交通、宿舍、市建筑工务署、市交通运输局、各区政府在重点片区、重大项目中遴选开展试点。其中，市建筑工务署、"工业上楼"、建筑等标准化程度高的工程项目开展试点，组织有关部门分类推进。 4. 北京、广州定期组织市属国有企业在开发或承接的项目中开展BIM正向设计示范工程应用，通过发布示范效应增强建设单位、设计单位对BIM正向设计的实施意愿。
		（二）拓展城市更新应用场景	1. 合肥、武汉、深圳确定一批城市更新领域的智能建造试点项目，积极探索智能建造技术在建筑更新改造、市政管网改造、智慧运维等方面的应用。 2. 青岛在历史城区保护更新项目应用倾斜摄影、三维激光扫描、三维贴描等技术，建立了包含风貌细节的历史建筑三维模型，用于指导现场施工和后期运维，并通过布设传感器对部分重要建筑物的倾斜、裂缝、沉降和振动等状态进行实时监测，为历史建筑的预防性保护和持续利用提供技术支撑。

续表

序号	工作任务	主要举措	经验做法
二	推动建设试点示范工程	（二）拓展城市更新应用场景	3. 合肥在淮河路步行街片区城市更新改造项目中，采用了BIM辅助设计、装配化装修等技术手段，提高了建造速度和质量，在更新改造的同时保障了商户正常营业；通过埋设点状智能化传感器，实现了复杂管网及建筑构件运行状态的实时监控和高效维护。 4. 哈尔滨在中华巴洛克历史文化街区三期改造项目中，依托BIM和物联网技术建立三维构件库，对内修缮构件实行一件一码管理，提高施工效率和质量，并通过位移监测设备对改造过程中的墙体进行监测和预警，采用BIM技术精确分析判断采光遮挡、交通流线、高峰运力等用户重点关切问题，辅助方案决策，并通过模块化技术缩短约50%工期。 5. 深圳市深圳中学泥岗校区学生宿舍加装电梯项目探索智能建造，保障施工安全。
		（三）明确专项成本列支依据	1. 重庆、沈阳、郑州、深圳对政府投资的智能建造试点项目，允许在核准投资估算和工程概算时列为智能建造相关专项成本。 2. 湖北发布《建筑信息模型（BIM）技术服务费计费参考依据（试行）》，并要求BIM技术服务费应在工程建设费用中单独列支，专款专用。 3. 苏州、佛山编制发布建筑机器人补充定额，涵盖主体结构、装饰装修、外墙、地下室等目前相对成熟的建筑机器人作业场景。
三	创新工程建设监管机制	（一）搭建工程建设智慧监管平台	1. 浙江以数字化改革为契机，建设运行全省一体化的"浙里建"平台，涵盖工程图纸在线管理、工程质量协同管理、工程造价风险管控、工程全生命周期管理、建筑起重机械全生命周期管理、建筑工人管理、预拌混凝土管理等数字化管理。 2. 广州建立建设工程智慧监管一体化平台，动态掌握在建工程基础性和关联性信息，涵盖安全专项（起重机、施工升降机、深基坑等危大工程）、质量专项（质量检测、混凝土追踪等）、文明施工专项（扬尘噪声监测等）等内容，依托数字化技术推动高质量发展。 3. 成都搭建建筑全生命周期管理服务平台，建立数据归集共享机制，相关部门可以协同管理图纸报审、变更、竣工等各环节管理，强化项目各方主体责任，初步实现房建项目"一张图"管理。 4. 郑州推动建设智能建设项目管理平台，在线核验施工设计落实情况和施工进度实时情况，施工资料线上填报和填报审批，有效支撑并联审批，联合测绘审批，实现全要素全环节的数字化监管。
		（二）创新工程质量安全数字化监管方式	1. 合肥搭建工程勘察数字化管理平台，全市新建、改扩建的房屋建筑和市政基础设施施工图勘察项目均在平台登记，并配备工程记录探外业作业过程，实时留存作业时间、影像和位置信息痕迹，监督人员可通过远程视频查看勘察外业、土工试验情况，调用数据资料，发现并纠正不规范问题。 2. 台州加强工程质量检测、预拌混凝土生产、起重机械管理等关键环节的数字化监管。其中，质量检测监管系统可

续表

序号	工作任务	主要举措	经验做法
三	创新工程建设监管机制	（二）创新工程质量安全数字化监管方式	自动获取桩基、混凝土等检测全过程视频、照片、检测数据；预拌混凝土质量管理系统可在线签订销售合同，下达生产订单，即将预警配合比不合格批次，起重机械主要构配件身份信息管理制度，解决标准节混用、配件自行制作等影响施工安全的关键问题。 3. 温州以桩基施工为切入点，建立施工生产标准化管控和机械设备二维码管理机制，通过小程序自动复核比对施工流程中材料使用、施工工序、送检检测等关键信息，有效杜绝不合格设备进场施工，及时发现不合格预制混凝土构件作业。 4. 上海、合肥、广州依托二维码、芯片等物联网技术加强预制混凝土构件生产、检测、物流等环节的数字化监管，保障构件来源可追溯、数据可查。 5. 雄安建立基于区块链技术的监理管理系统，将巡查、质量验收、旁站监督等业务信息上链留痕，形成真实可信的责任链条，为关键岗位人员免费配备基于4G影像记录仪的远程履职情况实时抽查巡查，实现对见证取样、隐蔽工程验收、质量问题处理、监理旁站等关键环节和关键岗位人员履职情况的远程实时抽查巡查，有效解决监督人员不足的问题 6. 江苏省徐州市沛县通过为建设工程项目经理、技术负责人、质量员、安全员、总监理工程师等关键岗位人员关键岗位和关键环节提供支撑。
		（三）探索BIM报建审批和施工图审查	1. 广州在《广州市数字经济促进条例》中规定，与法定工程技术图纸信息一致的建筑信息模型（BIM）可以一并用于工程建设项目审批，与法定工程技术图纸一并进行监管，为开展BIM辅助报建审批提供了依据。 2. 天津、雄安、沈阳、南京、青岛、郑州、深圳建立健全基于BIM的审图系统，推动设计方案审查、施工图审查、竣工验收、档案移交环节采用BIM成果提交审和审批。
四	强化组织领导和宣传交流	（一）建立工作机制	1. 保定、嘉兴、台州、厦门、乌鲁木齐成立由市长牵头的智能建造试点城市工作领导小组或联席会议或领导专项工作组。沈阳、哈尔滨、苏州、武汉、青岛、郑州、深圳、广州、佛山、西安成立由分管副市长牵头的领导小组、联席会议或工作专班，高位推动试点工作。 2. 重庆市政府办公厅牵头组建4个智能建造试点城市头委牵头组建产业专项工作组，市经济信息委牵头组建产业引育组，市教委牵头建人才培育组，共同推进各项工作。 3. 安徽、山东、湖北、四川组织开展省级智能建造试点城市建设，其中市政府办公厅牵头组建综合协调组，市住房城乡建设委牵头建产业组，市政府秘书长每月定期召开工作推进会，指导督促各有关部门加强协作，共同推进试点工作。
		（三）加强工作督导	1. 长沙、武汉市人民政府主要负责同志定期调度智能建造相关工作，确保各项任务顺利实施。 2. 成都将智能建造纳入2023年度改革深化督查会、长沙将智能建造纳入各区县（市）、园区绩效考核体系，深圳将智能建造纳入生态文明建设考核，青岛将智能建造纳入数字青岛建设考核，合肥将智能建造纳入城乡建设绿色发展目标考核体系，台州将智能建造纳入城乡建设绿色发展目标考核体系，压实各相关部门和属地建设工作责任。

续表

序号	工作任务	主要举措	经验做法
四	强化组织领导和宣传交流	(二)加强工作督导	任,强化激励机制。 3.佛山建立"年初计划、半年通报、年终总结"工作督导考评机制,智能建造试点工作联席会议办公室每半年通报总体工作成效亮点,分析存在的问题,提出下一步工作计划
		(三)开展宣传交流	1.北京、重庆、湖南、长沙、沈阳、广州分别依托中国国际住宅产业暨建筑工业化产品与设备博览会、中国国际智能绿色智能建造产业博览会、长沙国际建筑业与建造展会等产业会等展会,集中宣传展示智能建造新技术新产品。中国国际住宅产业博览会、中国(沈阳)国际建筑现代产业博览会以及广州国际建筑规划设计产业博览会等展会,集中宣传展示智能建造新技术新产品。 2.湖北、广东、天津、苏州、南京、台州、郑州、长沙、广州、深圳、佛山、西安、乌鲁木齐通过举办现场观摩会、技术交流会等方式,交流学习试点推进和工程实践的典型经验。 3.保定、青岛、长沙、武汉、乌鲁木齐定期印发工作简报或专刊,宣传交流试点成果和经验做法,凝聚发展共识

3. 第三批可复制经验做法清单

表 2-3

序号	工作任务	主要举措	经验做法
一	培育智能建造产业	(一)建设智能建造产业集群	1.武汉、长沙将智能建造作为全市重点产业链进行培育。其中武汉将智能建造列为全市9大支柱产业集群之一,实施链长负责制,总链长由市委、市政府主要领导同志担任,建立"九个一"工作体系,即一份产业链图谱,一套创新体系、一套政策体系、一张招商地图、一批产业园区、一批产业主企业、一个专家团队、一支产业基金和一张任务清单。 2.深圳将智能建造作为战略性新兴产业、数字经济产业、绿色低碳产业、模块化智能产业重点发展方向,积极培育人工智能数字设计、智能生产、建筑产业互联网、数字孪生平台、智能建造装备等6条产业链。 3.重庆将建筑机器人全入全市战略性新兴产业进行重点培育,同时结合软件和信息服务业"满天星"行动计划,大力发展工程建造软件相关产业。 4.佛山着力培育顺德区建筑机器人创新应用先导区,南海区建筑产业集聚区智能建造产业集群,美的库卡智能制造科技园等重点项目建设,其中顺德区以建筑机器人为重点,加快北滘建筑机器人谷。

续表

序号	工作任务	主要举措	经验做法
一	培育智能建造产业	（一）建设智能建造产业集群	5. 沈阳、台州积极打造智能建造产业园，其中沈阳推进建设企业孵化、新技术交易、新人才培训三大中心，力争打造适应现代化建筑产业体系的企业总部基地和科技研发基地。 6. 天津、保定组织编制《智能建造产业发展规划》，分析本地智能建造产业链优势和短板，绘制产业链图谱，明确重点发展方向
		（二）培育智能建造骨干企业	1. 重庆对市属国有建筑类企业加大创新考核力度，推动相关企业带头实施智能建造。 2. 湖北支持建筑业中小企业做专做精，积极培育智能建造领域的省级专精特新"小巨人"企业，相关企业在研发投入、质量管理、安全生产等方面应符合申报国家级专精特新"小巨人"企业。 3. 长沙遴选和公布了首批智能建造"专精特新"企业，从专业化、精细化、特色化、新颖化等方面进行考核遴选，基础条件符合要求
二	推动技术创新	（一）加大智能建造研发力度	1. 深圳将智能建造列为全市重点科技攻关内容，在基础研究、平台和载体、创新创业等方面设立研究任务，加大资金支持力度。 2. 嘉兴在全市重点研发计划项目申报指南中部署数字设计、智能生产、智慧施工、建筑产业互联网、建筑机器人等智能建造技术研究内容，每个项目最高可获得100万元财政资助。 3. 苏州在全市科技发展计划项目中增加"智能建造"门类，支持企业围绕智能建造领域前瞻、关键技术开展研究，每个项目最高可获得50万元财政资助。 4. 重庆将智能建造计划纳入全市科技计划技术创新专项与应用发展专项，每个项目给予100万元财政资助。 5. 武汉在全市科技计划项目人工智能、建筑机器人、部品部件智能创新专项中部署智能建造研究任务，每个项目给予50万元财政资助。 6. 天津围绕数字设计、建筑机器人、智能建造生产装备等关键技术研究，组织开展本地住房城乡建设科学技术计划项目智能建造专项研究申报工作。 7. 北京、合肥、郑州、长沙组织相关智能建造专项研究，集思广益，统筹谋划全市智能建造发展方向和实施路径
		（二）推广智能建造新技术新产品	1. 合肥、武汉征集遴选本地智能建造新技术新产品创新服务典型案例，探索建立智能建造应用场景库。 2. 厦门制定《智能建造新技术产品成果入选标准》，按照标准规范、专利、工法、奖项、技术装备、软件著作、典型案例等类别，开展成果征集和推广应用工作。 3. 深圳开展自主知识产权BIM建模软件测评工作，针对房屋建筑、市政道路、轨道交通、地质勘察不同类别分别制定测评指标，涵盖场景应用能力、数据应用能力、核心技术、软件稳定性、安全合规和CIM平台数据融合能力等6方面46项内容，为推广自主知识产权BIM软件奠定基础

续表

序号	工作任务	主要举措	经验做法
二	推动技术创新	（二）推广智能建造新技术新产品	4. 上海引导企业对预制混凝土构件生产线进行数字化、智能化升级改造，要求相关企业逐步具备钢筋自动加工、混凝土自动浇筑等智能化生产能力。 5. 台州推动工程机械智能化升级，将应用智能施工升降机等智能建造装备作为评选建筑施工安全生产标准化管理优良工地的加分项，既保障施工人员安全，也降低了升降机等工程机械使用费用
		（三）推动建设科技创新平台	1. 湖北和武汉支持华中科技大学牵头建设国家数字建造技术创新中心，打造数字化设计与CIM、智能感知与工程物联网、工程装备智能化与建筑机器人、工程大数据等关键共性技术实验室以及桥梁、建筑、轨道交通等领域科技创新水平。 2. 深圳市地下车站绿色高效智能建造重点实验室等30多个智能建造相关科技创新中心，持续深化智能建造技术攻关。 3. 北京、天津组织开展本地智能建造创新中心申报和创建工作，鼓励建设、设计、生产、施工、运维、装备、软件、科研院校等单位集中攻关智能建造关键技术。 4. 陕西和西安支持高等院校牵头，本地骨干企业和高等院校联合搭建一批智能建造科技创新平台，推动智能建造技术攻关、人才培养、学科建设和成果转化。 5. 台州成立由住房城乡建设局牵头，本地骨干企业和高等院校参与的BIM中心，负责全市BIM技术的推广应用，加强智能建造协同创新
三	完善标准体系	（一）发布技术应用指南和目录	1. 湖北编制发布《智能建造技术手册》，综合考量技术含量、推广难易度、成本等因素，划分为常规项、推荐项、创新项，为智能建造关键技术的应用推广提供系统性指导。 2. 江苏发布《智能建造专项实施指南》，明确了建筑产业互联网平台、"BIM+"数字一体化设计、建筑机器人及智能施工、智能施工管理等5个重点研发推广方向。 3. 深圳发布《智能建造技术目录6大类31项》《智能建造设备装备目录6大类32项智能建造装备、部品部件智能生产、智能施工管理等智能建造装备人3大类32项智能建造装备》，明确数字设计、智能生产、智能施工、智慧运维，实现智能建造全过程应用。并要求政府投资或国有资金投资工程应用至少一项技术，实现智能建造全过程集成应用。 4. 温州发布《智能建造装备推广目录（第一版）》，根据人机协同深度和推广难易程度遴选确定了普及版工程装备、智能建造工程机械设备、专业版建筑机器人3大类32项智能建造装备，并积极培育熟练掌握智能建造装备操作技能的专业工程班组。 5. 福建印发《智能建造应用场景指南》，推广设计、生产、施工、运维4个阶段13个智能建造应用场景的51项关键技术。

续表

序号	工作任务	主要举措	经验做法
三	完善标准体系	（一）发布技术应用指南和目录	6. 重庆发布《建设领域建筑机器人与智能施工装备选用指南》，将智能建造装备分为推广类和试点类，鼓励工程项目结合实际选用。 7. 浙江发布《智能建造技术装备应用目录（第一版）》，总结推广智能建造技术。 8. 西安发布《第一批智能建造可复制推广应用场景清单》，总结推广建筑产业互联网、智能建造设备装备等6大类26项智能建造技术，总结推广20项智能建造实用技术的典型应用场景及实施成效。
		（二）组织编制相关键标准	1. 辽宁印发《智能建造项目全生命周期应用导则》，以提升工程质量安全为目标，为工程项目在规划、勘察、设计、建造、交付、运维、拆除全生命期集成应用智能建造技术提供指导。 2. 天津积极搭建智能建造标准体系，组织编制《天津市民用建筑工程智能建造技术应用导则》《天津市轨道交通工程智能建造技术规程》等地方标准。 3. 苏州、佛山、湖北编制发布建筑机器人补充定额，涵盖主体结构、装饰装修、外墙、地下室施工等目前相对成熟的建筑机器人作业场景。
四	培养专业人才	（一）加强高层次人才培养	1. 台州将智能建造培训纳入干部教育培训计划，由市委组织部、市住房城乡建设局共同组织面向各县市区分管领导、本地特级建筑企业主要负责人的智能建造专题培训。 2. 嘉兴数智赋能智能建造领域人才（团队）申报"星耀南湖"人才计划，给予入选人才最高60万元项目资助，最高100万元标准制定和专利成果激励。深圳支持企业申报60万元人才房票（或购房补贴）等政策支持。
		（二）培养复合型专业人才	1. 深圳支持企业、行业组织开展智能建造相关职业技能培训和竞赛，将智能建造专业职业能力培训列入职业技能培训补贴目录，给予每人每学时30元的补贴。 2. 武汉支持高校、骨干企业、地方中小企业中心、行业协会、产业园区等单位联合创建国家级智能建造"专精特新产业学院"，为智能建造专业新企业培养技能人才。 3. 黑龙江、台州探索校企协同育人模式，共同培养智能建造专业人才。其中，黑龙江推动建筑企业与高校共建智能建造产业学院并授予首批多所产业级学院现代产业级实践基地。台州支持建筑企业与高校共建智能建造联合实训基地。 4. 北京、天津、重庆、保定、沈阳、哈尔滨、南京、苏州、青岛、郑州、合肥、武汉、长沙、广州、深圳、成都、西安支持本地高校设立智能建造专业或方向，加快培育复合型智能建造专业人才。

（三）智能建造试点城市典型经验和工作成效

1. 深圳市以科技创新引领智能建造发展

深圳市积极贯彻落实创新驱动发展战略，践行"人民城市人民建，人民城市为人民"的重要理念，以科技创新引领建筑业工业化、数字化、绿色化转型，高起点定位、高标准推进智能建造发展。

1）谋划政策产业体系

深圳市将智能建造工作融入城市发展、科技创新发展、行业发展，做到同频共振、同步共进。《深圳市国民经济和社会发展第十四个五年规划和二〇三五年远景目标纲要》提出推动智能建造与建筑工业化协同发展；《深圳市科技创新"十四五"规划》将建筑产业互联网、建筑机器人等内容作为重点发展方向；《深圳市现代建筑业高质量发展"十四五"规划》强调以科技创新为驱动力，建立智能建造与新型建筑工业化协同发展的政策体系和产业体系。

2）夯实技术支撑能力

一是组织智能建造领域关键核心技术攻关。依托深圳市工程建设领域科技计划项目，组织研发智能设计云平台、智慧物联施工管理系统、建筑装饰产业互联网管理平台、钢结构焊接机器人、地下空间施工机器人等一大批重大创新成果。如研发应用建筑工程人工智能审图系统，目前已具备 800 余条标准条文的审查能力；研发建设工程智慧监管平台，集成应用物联网、遥感、云计算和大数据智能分析技术，在线监管项目已超过 2000 个，有力推动了建筑工程施工监管从"人防"到"技防"的转变。二是积极推广应用智能建造新技术新产品。通过开展新技术认证、发布新技术推广目录等方式，积极推广基于 BIM（建筑信息模型）的设计协同软件、人工智能设计技术、工地数字化管理平台、基于数字孪生技术的智慧运维平台、工程项目管理产业互联网平台、建筑机器人等 30 余项智能建造新技术。尤其是重点推进了 BIM 技术应用，深圳市政府办公厅印发《关于加快推进建筑信息模型（BIM）技术应用的实施意见（试行）》，要求新建市区政府投资和国有资金投资建设项目、市区重大项目、重点片区工程项目全面应用 BIM 技术，并从项目立项、规划用地、施工许可、项目监管等环节进行把关。2022 年 6 月，深圳市正式上线采用 IFC 通用格式的 BIM 报建系统，通过对国内外软件厂商的 BIM 模型数据进行统一信息转换，实现数据的互联互通，有力支撑基于 BIM 的工程建设项目消防设计审查、施工许可和竣工联合验收。三是探索智能建造应用场景。探索基于人工智能的施工图设计与审查、工厂生产数字化管理、5G 智慧工地、质量安全环境智能监测、智慧建筑管理、工程建设全周期数字化管理、建筑工人管理及数字货币支付、数字化采购、数字档案交付等场景建设，形成一批智能建造典型应用场景。

3）发挥骨干带动作用

培育壮大一批具有全国影响力的智能建造骨干企业、上市公司和高科技企业。一是推动建筑业企业向智能建造转型。以中建科技集团有限公司（简称中建科技）、中建科工集团有限公司（简称中建科工）、中建海龙科技有限公司（简称中建海龙）、深圳市特区建工集团有限公司（简称特区建工集团）为代表的骨干建筑业企业在智能建造技术研发和应用方面持续发力。其中，中建科技、中建科工均入选国务院国有企业改革领导小组办公室评选的"全国科改示范企业"，中建科技自主研发的装配式智能建造平台，打通了数字设计、智慧商务、智能工厂、智能工地和智慧运维等全产业链，中建科工建成了国内领先的钢结构智能生产线，搭建面向钢结构的建筑产业互联网平台，探索钢结构智能建造模式。二是鼓励华为、腾讯、深智城、大疆、小库科技、万翼科技等装备制造和信息技术企业布局智能建造产业。其中大疆研发的航测无人机在土石方工程测量和施工现场得到广泛应用，腾讯云推出微瓴智慧建筑管理平台以及智慧建筑数字化底座 CityBase，小库科技研发的智能设计云平台实现装配式建筑设计方案智能评估优化、施工方案多专业同步深化以及工程实时算量自动报价。三是引导施工类、勘察设计类、技术服务咨询类企业以智能建造为重点提高研发投入，力争到"十四五"末研发投入比重分别达到 3%、4%、5%，进一步发挥骨干企业在智能建造科技创新领域的示范引领作用。

4）培育高效产业集群

一是高位规划布局智能建造产业。将智能建造作为深圳产业发展的重点领域，列入深圳市战略性新兴产业目录、产业结构调整优化和产业导向目录、绿色低碳产业指导目录重点支持方向。二是重点培育智能建造产业链。着力打造智能建造"数字设计、智能施工、智慧运维、建筑产业互联网"四大特色产业，"智能生产、智能建造装备"两大配套产业，构建完整、高效、协同的智能建造产业链。鼓励和支持建筑业企业、互联网企业、电信运营商等各类机构优势互补加强合作，汇聚深圳技术优势，打造行业级、企业级、项目级建筑产业互联网平台。三是着力打造智能建造产业基地。依托深圳高新技术产业园区，推动建设智能建造产业园区。重点在龙岗区建设"深圳建筑产业生态智谷"，以"总部基地＋园区"方式布局智能建造产业集群，努力打造成为粤港澳大湾区智能建造产业示范基地。

5）建设标杆示范工程

深圳市积极推动智能建造技术在工程项目的集成应用，建设以长圳公共住房项目、华润集团总部大厦、腾讯滨海大厦为代表的试点示范项目。其中长圳公共住房项目是住房和城乡建设部首批 7 个智能建造试点项目之一，集成应用 BIM 技术、智能建造平台、三维测量机器人、钢筋绑扎机器人等 16 个"十三五"国家重点研发计划项目的 49 项关键技术成果，累计节约工程造价约 7500 万元，缩短总工期约 10%，有效提升了工程建设质量和效益。华润集团总部大厦采用空中造楼机、BIM5D 平台、智慧工地、放样机器人、VR（虚拟现实）等 28 项智能建造技术，实现"三天一个结构层"的快速爬升。腾讯滨海大厦搭载微瓴智慧建筑管理平台，探索智能派梯、智慧能源、智慧灯控、智慧安防、智慧寻车和车位引导等智慧运维应用场景。

2. 苏州市以智能建造赋能产业转型升级

苏州市以智能建造赋能产业转型升级，促进建筑业制造业高水平融合。

习近平总书记强调，"要以科技创新引领产业创新""让传统产业焕发新的生机活力"。江苏省委书记信长星指出，"建筑业是国民经济支柱产业，也是江苏的传统产业、支柱产业、优势产业和富民产业"。苏州市工业基础实力雄厚，制造业集群发展成效凸显，电子信息、装备制造两个万亿级产业支撑有力，具备发展智能建造的良好土壤。近年来，苏州市立足产业优势、整合资源要素，因地制宜推广应用智能建造装备，高位推动建筑业、制造业融合发展，加快发展建筑领域新质生产力，力求哺育具有"苏州特色"的智能建造产业生态，力促建筑业全产业链提质增效，力争以智能建造为抓手推动全市建筑业高质量发展。

1）强化顶层设计，科学擘画智能建造发展规划

自 2022 年获批智能建造试点城市以来，苏州市坚持以建筑业高质量发展为工作主线，锚定建筑业与制造业深度融合工作目标，力争抢占智能建造产业高地，加快推进产业转型升级。为此，苏州市委、市政府科学部署，宏观微观兼顾，系统谋划智能建造实施方案和政策举措。一是加强整体统筹。全盘布局谋划建筑业深化改革蓝图，将狠抓智能建造作为培育优势、推动转型的有力抓手，写入《苏州市建筑业"十四五"高质量发展规划》重点任务。2022 年 12 月，苏州市人民政府印发《关于加快推进智能建造的实施方案》，聚焦大力推广新型建造方式、培育智能建造产业集群、推进 BIM 技术研发应用、全面推广智慧工地以及强化智能建造评价和推广 5 大任务，稳步推进智能建造各项任务落地落实。二是充实政策激励。苏州市委、市政府《关于促进全市经济持续回升向好的若干政策措施》及市政府办公室《关于进一步促进产业投资助推实体经济高质量发展若干政策措施的通

知》等文件，明确提出对智能建造产业基地、示范项目、首台（套）建造装备等予以资金、规划、用地等方面的政策支持，鼓励企业发展智能建造。三是强化组织保障。成立"苏州市推进智能建造试点城市工作领导小组"，统筹部署全市试点推进计划，研判智能建造发展重点难点问题，督导推动各项工作。同时，成立"智能建造"行动支部，实施基层党建"书记项目"，以高质量党建助力智能建造发展。

2）聚焦重点任务，激活智能建造产业"引擎"

在综合分析本地建筑业、先进制造业、数字经济等产业禀赋的基础上，确定了"主推智能建造装备'硬件'、催生配套技术'软件'"的产业发展思路，积极引导智能建造产业链集聚。一是分类推广智能建造技术。2023年6月，遴选确定了首批29个试点项目，其中16个项目入选江苏省首批智能建造试点项目。为保障试点项目建设成效，市推进智能建造试点城市工作领导小组办公室每季度组织专家对项目进行实地考核指导，总结通报典型项目的经验做法和存在问题，并细化下一步工作要求，着力提升试点项目在提品质、降成本方面的实施效益。2024年3月，在总结试点经验的基础上，出台《关于全面引导应用智能建造的通知》，按照"分类实施、重点突破"原则，全面扩大智能建造在苏州市工程建设领域的应用。对政府投资项目，要求新开工建筑面积5万平方米以上的房屋建筑项目自2024年5月1日起实现"应用尽用"，并提出招标人应在公告中明确应用智能建造的具体技术要求，将智能建造专项施工方案在技术标中列专篇，作为技术标评分内容；对社会投资项目，要求新出让地块总建筑面积5万平方米以上的房地产等项目自2024年10月1日起可在土地招标公告中引导投标企业应用智能建造技术。二是丰富智能建造装备应用场景。以提品质、降成本为目标，积极探索智能建造应用场景。2024年2月，出台《关于全面推进我市智能施工电梯应用的通知》，在新开工政府投资项目中全面推广应用智能施工电梯，并明确设备登记、专家论证、安装检测、过程管控和日常管理等要求，充分发挥其安全性好、运行效率高、维护成本低、使用方便等优势。三是布局建设智能建造产业载体。布局建设智能建造产业基地，打造"五区三院两中心N园区"产业体系，以智能建造装备、建筑材料等技术工艺研究为重点任务，通过对产业基地灵活分割登记，引育研发、制造、销售及服务一体的高科技实体企业，构建智能建造产业创新集群。

3）推动科技赋能，创新引领产业链提质增效

苏州市将培育智能建造骨干企业作为试点工作的重点，突出企业创新主体作用，推动建筑业与先进制造技术、新一代信息技术等科技成果的深度融合。一是支持企业加强科技研发。在全市科技发展计划项目中增加"智能建造"门类，支持企业围绕智能建造领域的前瞻与关键技术问题自主申报科技创新项目，每个项目最高可获得50万元的财政资助。中亿丰数字科技集团有限公司研发的"DTCloud智慧工地工业互联网平台"入选了工业和信息化部 2023 年新一代信息技术与制造业融合发展示范。二是大力培育"专精特新"企业。通过强化企业与高校的"产学研"合作，提升本地企业的智能建造科技创新能力。目前，本地智能建造骨干企业中亿丰建设集团已与西安交通大学合作成立"智能装备研究院"，培育了一家智能建造领域的省级"专精特新"企业，搭建了基于数据驱动的智能建造"1+6"体系，即依托智能建造运管平台，整合 BIM 一体化设计、部品部件智能生产、智能施工管理、建筑机器人等智能建造装备、建筑产业互联网、数字交付与智慧运维六大场景，促进工程建设全过程数字化管理。三是积极推动 BIM 全过程应用。以数字化改革思路为引领，以设计、施工、运维三阶段为抓手，积极推进 BIM 技术集成应用。编制并完善《建筑信息模型应用统一标准》等地方标准，指导项目进行统一的 BIM 应用和数据交换。开展基于 BIM 技术的施工图审查和城建档案归档试点工作，探索 BIM 正向设计、BIM 运维等深度应用。截至 2024 年 3 月，共有 1759 个项目纳入全市 BIM 监管平台，总建筑面积约 2200 万平方米，涵盖房建、市政、轨道交通等不同类型项目。四是强化标准和人才支撑。2023 年 3 月，率先编制印发了《智能建造（建筑机器人）补充定额》（试行），涵盖整平、抹平、喷涂和墙板安装等应用场景，解决智能建造装备施工计价依据问题。支持苏州市智能建造装备研发与服务中心提供建筑机器人"领航员"培训与劳务配套服务，已培训上百名智能建造产业工人，初步建立了建筑机器人研发、生产、销售、服务一体化产业链。

下一步，苏州市将聚焦智能建造试点工作整体目标，充分汲取其他优秀试点城市经验做法，持续丰富工作路径、狠抓重点任务落实。一是突出企业主体作用。尊重市场规律，释放企业创新活力，充分发挥龙头企业带头作用，引导企业在建造类别上由房建工程向市政工程延伸、在业务领域上向外部市场拓展、在产业链位置上向上下游覆盖，加快培育一批兼具创新和实践能力的智能建造骨干企业，充分发挥智能建造"专精特新"企业的创新潜力。二是扩展智能建造产业生态。聚力科技创新和产业化发展，推进科技成果转化，弥补建筑业在工业化、数字化方面的弱项，重点攻关智能建造装备产业发展，梳理相关产品应用痛点难点，积极拓展应用场景，以产业园经济模式带动苏州市智能建造产业化发展。三是持续完善智能建造服务监管。主动适应智能建造新发展趋势，加大为企业纾困解难的支持力度，全面梳理智能建造监管新需求，构建智能建造全链条监管机制，搭建智能建造装备监管平台，夯实行业发展安全基础，以效能提升营造智能建造安全发展环境。

3. 武汉市建立智能建造"九个一"工作体系

武汉市将发展智能建造作为贯彻落实党的二十大精神的重要措施，作为完整准确全面贯彻新发展理念的重要内容和推进建筑产业现代化的重要抓手，以科技创新引领建筑业向工业化、数字化、绿色化转型升级。

1）高位推动，科学谋划智能建造新思路

湖北省委、省政府领导高度重视智能建造工作，对发展智能建造作出重要批示。武汉市认真贯彻落实住房和城乡建设部以及湖北省委、省政府的工作部署，将"推进全国智能建造试点"工作任务列入 2023 年武汉市政府工作报告和市委深化改革重要事项，并提出了"7+1+N+3"的智能建造发展思路，即着力推动建造工艺、现场管理、智能装备、集成设计、过程运维、知识共享、智能指挥系统 7 个方面的转型升级，按"平台化、在线化、服务化"的方式，构建统一的智能建造平台，把管理活动、数据采集、智能装备等 N 种生产要素有机地连接在一起，推动项目生产工艺、生产组织、生产方式的变革，最终实现提升品质、提高效率、降低消耗三大目标。

2）创新机制，大力培育智能建造新产业

目前，武汉市已经发布支持智能建造发展的 23 条政策措施，并将智能建造作为 9 大支柱产业集群之一进行培育，创新提出了智能建造产业链链长负责制，总链长由市委、市政府主要领导同志担任，按照"市级领导领衔、部门联动推进、专项举措保障"的思路，建立"九个一"工作体系，即一份产业链图谱、一套创新体系、一套政策体系、一张招商地图、一批链主企业、一批产业园区、一个专家团队、一支产业基金和一张任务清单。目前，中国建筑第三工程局有限公司（简称中建三局）、中交第二航务工程局有限公司（简称中交二航局）、中铁十一局集团有限公司（简称中铁十一局）、中国葛洲坝集团有限公司（简称葛洲坝集团）等 30 家企业已列为武汉市智能建造重点发展企业，具备较好的智能建造产业基础。其中，中建三局研发了超高层建筑智能化施工装备集成平台，可以缩短约 30% 的塔式起重机爬升工期，节省约 40% 的塔式起重机费用，有利于解决建筑施工安全防护设施简陋、露天作业受环境影响大等问题，入选了国务院国资委《中央企业科技创新成果推荐目录》；中铁科工集团有限公司（简称中铁科工）研制了地铁车辆段构件装配施工智能建造设备"赤沙号"，只需要 1 名司机和 1 名指挥员操作，施工效率提高 1 倍以上，大大减少了施工噪声和粉尘排放。

3）示范引领，研发应用智能建造新技术

一是以提品质、降成本为目标，打造智能建造试点示范项目。武汉市光谷科学岛科创中心项目、武昌滨江天街项目 D2 地块等 12 个项目已入选湖北省绿色建造智能建造品质建造科技创新融合试点项目，征集了 39 个市级智能建造试点示范项目。部分项目通过应用智能建造新技术实现了工程建设提质增效，如武汉市国家网络安全人才与创新基地项目通过应用中信工程设计建设有限公司研发的智能建造平台，将数字化技术贯穿设计、招标采购、施工、运维四个阶段，实现不同主体的高效协同，减少设计变更 58%，节省成本 12%，缩短项目工期 10%；美好置业集团股份有限公司（简称美好置业集团）在智能建造试点项目中广泛应用预制混凝土构件智能生产技术，实现机器人自动布置模具、钢筋网片自动加工、混凝土智能布料和高效节能全自动养护，较传统半自动化生产线减少约 50% 用工，生产效率提升 3 倍，生产精度达到毫米级。武汉市将每年培育一批具有示范效应的智能建造项目，充分展现智能建造对提高工程质量安全水平、建设高品质建筑的实施效益。

二是以科技创新平台为依托，加快智能建造关键技术研发推广。2022 年 1 月，华中科技大学获批牵头建设国家数字建造技术创新中心，由丁烈云院士担任首席科学家，按照"1+N"建设模式，打造数字化设计与 CIM、智能感知与工程物联网、工程装备智能化与建造机器人、工程大数据平台与智能服务等关键共性技术实验室以及桥梁、建筑、轨道交通等领域技术实验室。目前，该中心正在积极开展"工程建造云边端数据协同机制与一体化建模关键技术""支持非线性几何特征建模的建筑信息模型（BIM）平台软件""高层建筑自升降智能建造平台关键技术与装备"等国家重点研发计划项目的研究工作。下一步，武汉市将以"国家数字建造技术创新中心"为依托，紧紧围绕巩固提升世界领先技术、集中攻关突破"卡脖子"技术、大力推广应用惠民实用技术，支持企业、高校、科研院所开展智能建造关键技术联合攻关和重大科技成果产业化，着力提升建筑业科技创新水平。

4. 合肥市强化智能建造政策激励和科技赋能

合肥市以发展智能建造为抓手，通过政策激励、示范引路、科技赋能，着力推动建筑业数字化、智能化转型，积极融入和服务新发展格局。

1）加强政策激励，支持建筑业企业转型升级

建筑业是合肥市经济社会发展的支柱产业，2022 年合肥市建筑业产值达 5613 亿元，增长率为 10.5%，对 GDP 贡献仅次于工业。但同时，受科技创新能力不足、发展方式粗放等因素影响，建筑业发展质量和效益不高。随着数字经济的快速发展，以数字化、智能化技术推动传统产业转型升级已经成为社会共识。近年来，合肥市积极引导建筑业企业转型，取得了初步成效。但总体来看，建筑业企业的数字化、智能化水平相比制造业企业还存在较大差距。其中，资金投入压力较大、回报周期长是企业普遍反映的难点痛点问题。

为此，合肥市于 2023 年 3 月出台了《合肥市促进经济发展若干政策》，支持工业、建筑业等企业加大科技投入、推进转型升级。其中，明确对建筑业企业加快数字化、网络化、智能化转型升级的项目，享受工业企业同等待遇，按投资额的 20% 给予最高 200 万元补贴。随后，合肥市城乡建设局联合市财政局配套出台了实施细则，明确奖补对象为

2023 年 1 月 1 日以来在智能建造领域相关软件、上云服务、信息技术服务、智能化设备等方面转型升级投资额在 100 万元（含）以上的勘察、设计、施工、工程咨询等建筑业企业，并进一步细化政策标准、申报材料、申报时间、办理流程等要求，让各类市场主体更清晰地了解政策，确保政策有效落实。此外，合肥市正在修订《合肥市商品住宅高品质建设内容和评分标准》，计划将"应用智能建造技术"作为高品质住宅加分项，进一步调动房地产开发企业、建筑业企业的创新积极性，合力打造高品质的建筑产品。下一步，合肥市将加快推动政策落地实施，通过奖励激励措施和组合式税费支持政策，着力降低建筑业企业创新成本，支持企业大力发展智能建造，加快推动行业科技进步。

2）推进示范引路，拓展智能建造典型应用场景

工程项目是推动建筑业科技创新的重要载体。合肥市以试点示范项目为抓手，积极推动智能建造技术在房屋建筑、基础设施和城市更新三大场景的示范应用。一是房屋建筑应用场景方面。合肥滨湖国际会展中心二期 2 号综合馆项目主桁架最大跨度达 144 米，传统方式的施工难度和安全风险很大。中国建筑第二工程局有限公司（简称中建二局）研发应用了"视觉激光测距仪＋智能同步系统"等智能建造技术，可实时比对设计坐标与测量数据，智能调控顶推速度和姿态，确保滑移施工全过程安全精确，滑移工期由 70 天缩短至 47 天。二是基础设施应用场景方面。中国中铁四局集团有限公司（简称中铁四局）数智建造研究院研发了隧道智能雷达检测系统，可自动辨识混凝土浇筑、钢筋及预埋件安装等方面的质量缺陷，有利于确保隧道工程全生命周期质量安全可控。三是城市更新应用场景方面。淮河路步行街片区城市更新改造项目中，安徽地平线建筑设计有限公司采用 BIM 辅助设计、装配化装修等技术手段，提高了建造速度和质量，在更新改造的同时保障了商户正常营业；通过埋设点状智能化传感器的方式，实现了复杂管网及建筑构件运行状态的实时监控和高效维护。

下一步，合肥市将重点从三个方面积极探索智能建造典型应用场景，推广先进适用的智能建造技术。一是遴选项目。选取具有示范效应的保障性住房、教育、医疗、交通等项目开展智能建造试点，围绕数字设计、智能施工、智能生产、智慧运维、建筑产业互联网等领域探索开展技术研发和应用。其中，2023 年拟遴选 15 个项目开展试点。二是制定标准。加强智能建造基础理论研究，结合试点示范项目实施情况，组织编制《合肥市智能建造试点项目评价标准》，指导工程项目参建主体合理应用智能建造技术，更好地实现提品质、降成本等目标效益。三是推广案例。在全市范围内公开征集和遴选智能建造新技术新产品创新服务典型案例，作为可复制经验推广应用。

3）加快科技赋能，提升工程建设数字化监管能力

数字化不仅是一场技术革命，更是一场治理体系变革。合肥市积极运用数字化手段，

弥补工程建设监管短板，提升数字化监管能力。一是加强工程勘察数字化监管。工程勘察质量直接关系到建设工程质量、投资效益和使用安全，而外业作业管理一直是工程勘察的监管难点。为此，合肥市开发了工程勘察信息化管理平台，自2022年4月1日起全市新建、改建、扩建的房屋建筑和市政基础设施工程勘察项目均须通过该平台办理线上登记，并全程记录勘探外业作业过程，实时留存时间、影像和位置信息痕迹，实现全方位监管和质量责任可追溯。目前，该平台已登记工程勘察项目1875个，监督人员通过远程视频查看勘察外业、土工试验情况，调用数据资料，发现并纠正不规范问题约1600次。二是加强施工图质量事中事后监管。施工图审查是建设工程安全管理的重要环节，传统监管方式主要靠每年一次"双随机、一公开"检查，项目监管覆盖率不足1%。合肥市建立了数字化审图系统，近一年对全市通过施工图审查的4439项工程进行了大数据分析，对其中设计、审查质量排名靠后的229家单位和113个项目负责人进行预警和差别化监管，有效提升了施工图质量。三是加强施工现场从业人员实名制管理。为改变传统监督管理效能不高的问题，合肥市于2022年5月上线运行建筑市场行为监督管理平台，全面实行务工人员、项目关键岗位管理人员"两库一码"管理。施工企业在平台登记人员库、项目库，将相关人员实名制信息与"工地码"绑定。务工人员的生物识别考勤数据保存至系统平台，作为其获取合法工资收入的重要凭证。主管部门可通过平台实时掌握相关人员的动态工作信息和履职历史记录，并进行项目抽取、人员排程、结果告知、整改回复等网上巡查操作。平台上线以来累计登记从业人员51.5万人，目前实时在岗履职人数18.3万人，累计纳入监管项目1290个，完成整改记录339条，监管效能得到明显提升。

下一步，合肥市将坚守为社会提供高品质建筑产品的初心，进一步完善数字化监管机制，逐步实现工程项目建设全过程动态监管，形成与智能建造相适应的建筑市场和工程质量安全监管模式，全面提升行业治理能力。

5. 广州市着力打造智能建造全产业链

广州市践行贯彻新发展理念，构建新发展格局，以打造智能建造全产业链为抓手，推进建筑业高质量发展，在强化顶层设计、构建产业体系、打造示范项目、培育优势企业、创新产品技术和建设人才梯队等方面取得了积极成效。

1）强化智能建造政策顶层设计

广州市将智能建造工作融入"新城建"和CIM改革试点工作，建立了市主要领导挂帅的工作联席会议协调机制。《广州市住房和城乡建设事业发展"十四五"规划》提出，加大"云大物智移"等新技术在建造全过程的集成与创新运用，探索建立智能建造产业体系；《广州市创建"新城建"产业与应用示范基地实施方案》明确，依托广州产业优势，以推进数字技术、应用场景和商业模式创新，打造智能建造产业体系。下一步，广州市将以智能建造试点城市为契机，围绕建筑业高质量发展总目标，以数字化、智能化升级为动力，围绕产业生态、技术应用、管理制度、科技支撑、人才培育、政策体系六大方面，系统性探索形成具有广州特色的智能建造发展模式。

2）构建智能建造完整产业体系

广州市发布了《广州市构建"链长制"推动建筑业和规划设计产业高质量发展三年行动计划（2022—2024 年）》，积极构建"链长制"工作推进体系，推动建设智能建造完整产业体系。目前，已布局建设十余个各有侧重的产业园区，吸引智能建造产业链上下游企业集聚，有效强化各环节主体之间的协同工作，促进智能建造产业协同融通发展。如"设计之都二期产业园"聚焦 CIM 平台扩展、智能建造、绿色低碳和建筑产业互联网，打造全市"新城建"创新综合体；"粤港澳大湾区高端装备制造创新中心"集产、学、研、展、贸、游多业态于一体，重点聚集研发、设计、智造、供应、展览、交易、培训、服务等企业；"中建绿色科创产业园"重点打造以建筑科技创新、智能建造产业为主体，涵盖研发、设计、智能装备、建筑机器人等科技产业的国家级科创平台和建筑技术交流高地。

3）推动打造智能建造示范项目

一是组织编制技术指引。根据广州市智能建造现状与发展方向，编制广州市智能建造技术指引，指导工程项目具体实施。二是广泛遴选试点项目。目前，已形成 57 个项目的第一批智能建造试点项目培育名单，多个项目在不同建设环节融入智能建造前沿技术。中国建筑第四工程局有限公司（简称中建四局）总部大楼项目通过应用"呼吸"幕墙、环境监测、远程视频监控、无人机巡检、全过程 BIM 应用、装配模拟分析、智能生产工厂、建筑机器人、太阳能集装箱等技术，打造科技创新新地标。花都百花城项目面向全装配剪力墙结构研发了全新一代轻量化空中造楼机，通过模块化、轻量化、智能化改造，为超高层装配式施工探索新方向。三是培育示范标杆项目。选取有条件的项目予以全过程指导和培育，打造成为示范标杆项目。广州将采用"边建设，边归纳"方式，及时总结示范标杆项目成功经验，形成可复制可推广经验，提升智能建造技术水平。

4）引导培育智能建造优势企业

建立"点对点"滴灌服务机制，引导建筑业产业链骨干企业向智能建造转型升级，夯实广州市智能建造发展基础。一是引导设计企业提升 BIM 正向设计能力。广州珠江外资建筑设计院有限公司在 BIM 正向设计方面已经积累了丰富的经验。二是推动大型建筑业企业积极拓展智能建造领域。广州市建筑集团有限公司打造了建筑部品部件智能生产线和管理云平台，初步实现构件生产少人化无人化。三是鼓励软件开发、互联网企业布局智

能建造产业。中望软件是国内 A 股第一家研发设计类工业软件上市企业，自主研发二维
CAD 软件及相关产品矩阵；树根互联是第一批国家级"跨行业跨领域工业互联网平台"，
已经开始探索建设建筑产业互联网平台。

5）积极推动智能建造科技创新

一是组织研发新技术新产品。广州华森设计院研发的"华智三维与二维协同设计平
台"可映射二维平面与三维空间之间设计操作关系，大幅提升设计效率；中建三局集成采
用 AI、VR、BIM、物联网、云计算、5G 等技术，搭建"智慧建造管理平台"，并在广州
三馆合一项目成功应用。上述两项实践均入选住房和城乡建设部第一批智能建造新技术
新产品创新服务典型案例。此外，还有 23 个新技术新产品入选广东省智能建造典型范例。
二是率先探索建设 CIM 平台。建成城市三维数字底图，为智能建造提供数字环境底座。
通过总结 CIM 平台建设经验，编制 11 项配套标准，范围涵盖平台建设、规划报批、施工
图审查及联合验收四大类别。平台关键技术及应用项目荣获 2021 年华夏建设科学技术奖
一等奖。三是实施三维辅助审图。研发并上线房屋建筑工程施工图三维（BIM）电子辅助
审查系统，涵盖建筑、结构、给水排水等九大专业。截至 2022 年 11 月，系统已完成 738
个项目审查，模型总数 7925 个，被住房和城乡建设部列入第一批智能建造与新型建筑工
业化协同发展可复制经验做法。四是建成工程智慧监管平台。全面推进建设工程全周期、
全过程、全要素监管，平台集成使用物联监控、云上指挥调度、AI 分析等技术，已建成
20 余个基于 CIM 的智慧工地示范项目，打通混凝土、质量检测、深基坑等方面监管数据，
实现各方参建主体及政府主管部门的"多方协作互联"，达到"一屏管工地"。

6）加强智能建造产业人才支撑

一是强化高层次人才聚集。鼓励智能建造骨干企业建立院士工作站，培养或引进院
士、全国工程勘察设计大师、建筑领域学科带头人、博士等高端人才。如广州市建筑集团
有限公司依托国家级企业技术中心、省级重点实验室和博士后工作站等，举办院士讲坛，
实施"全球百名博士后引进工程"。二是多措并举培育智能建造产业工人。拟出台《关于
加快培育广州市房屋建筑产业工人队伍的实施意见》，广泛发动建筑业企业、建设类职业
院校等市场主体力量，建立立体化考核评价机制，建设技能工人培育基地，以智能建造等
新型建造方式为导向，促进行业资源与项目需求紧密对接，多种渠道激励、培育智能建造
产业工人。

6. 长沙市实施智能建造与智能制造"双轮驱动"战略

长沙市充分发挥建筑业和先进制造业发展优势，实施智能建造与智能制造"双轮驱

动"战略，以工程建造工业化、数字化、绿色化转型塑造城市发展新动能新优势。

1）抢抓战略机遇，争当智能建造发展的排头兵

发展智能建造，既是促进建筑业转型升级的迫切需求，又有巨大的市场投资需求，市场空间无限、发展潜力巨大，是缓解经济下行压力、稳增长、促改革、调结构的重要手段，也是培育经济增长点、打造经济发展"新引擎"的有力举措。长沙市作为全国装配式建筑示范城市，是建筑工业化起步最早的城市之一，已形成完整的建筑工业化产业链条，具备发展智能建造的良好基础，率先开展了装配式建筑全产业链智能建造平台试点和施工图 BIM 审查试点，拥有三一重工、山河智能、中联重科等具备国际影响力的工程机械龙头企业。

长沙市加快发展智能建造，率先打造具有核心竞争力的智能建造产业高地，其时已至、其势已成、其兴可待。下一步，长沙市将紧跟党中央、国务院关于加快推动产业数字化的总体部署，以更高的战略眼光，牢牢把握以发展智能建造推动建筑业数字化转型的重大机遇，按照"坚持系统谋划，强化顶层设计，扩大既有优势，形成示范效应"的思路，扎实推进智能建造试点工作。到 2025 年，全市总体将打造 2000 亿元级以上的智能建造产业，培育 4 个百亿元级企业、实施 10 个十亿元级项目，营造智能建造良好产业生态，推动智能建造从被普遍认可到广泛应用的飞跃；到 2030 年，智能建造产业产值突破 3000 亿元，成为具有核心竞争力的智能建造产业高地。

2）实施"双轮驱动"，打造智能建造产业新高地

智能建造是引领建筑业全面转型升级的前沿赛道，与其他产业、行业融通发展空间广阔、潜力巨大。长沙市将坚持"跨界融合、协同发展"的理念，充分发挥先进制造产业优势，重点推动智能建造与智能制造联动发展，构建协同创新、双向赋能、生态融通的产业发展新格局。同时，以市场和需求为导向，建立智能建造产业与新一代自主安全计算、工程机械、轨道交通、高端装备等重点产业的供需对接平台和融通合作机制，积极拓展"智能建造 +""+ 智能建造"，着力在智慧应急、城市生命线、智慧城市、数字乡村、智慧社区、智慧园区、城市运管服务等领域大力推广智能建造场景应用，促进智能建造产业加快发展壮大。

下一步，长沙市将以智能建造核心技术路线为引领，着力推动一批施工、设计、生产企业等强强联合，在"数字化设计""自动化生产""智能化施工"等领域重点培育一批头部企业，以工程总承包企业为"1 个核心"，以设计、生产企业为"2 个重点"，多元数字化企业深度参与，打造"1+2+N"开放型发展模式。同时，推动企业梯度培育，出台智能建造"专精特新"企业评价办法，培育发展更多的智能建造"单项冠军""专精特新"企业，重点扶持一批有基础、有潜力的智能建造企业上市，做大做优智能建造企业矩阵。

3）强化科技引领，激发智能建造创新发展动力

一是建立服务于智能建造科技创新的政策保障体系。智能建造是涵盖多项生产要素的产业模式升级，单一政策无法实现整体性的保障作用。长沙市围绕智能建造在招标投标、工程计价、科技创新、技术评价、人才培育、建筑产业互联网、产业培育、试点项目、宣传推广等领域的配套要求，建立了"1+11"的工作任务清单。下一步，长沙市将围绕智能建造科技创新建立健全土地、规划、金融、科技等方面的支持政策，完善跨行业多方协作机制，为智能建造提供集成式的政策体系保障。

二是搭建产学研用深度融合的智能建造科技创新平台。依托"三区两山两中心"创新平台（三区，即长株潭国家自主创新示范区、湘江新区、中国（湖南）自贸试验区；两山，即岳麓山大学科技城、马栏山视频文创产业园；两中心，即岳麓山种业创新中心、岳麓山工业创新中心），高标准建设一批智能建造与新型建筑工业化技术创新中心、重点实验室等科技创新基地，完善协同创新机制，强化产学研用深度融合，加大基础共性和关键核心技术攻关与集成创新应用。

三是培育工程建设与信息技术融会贯通的复合型创新人才。长沙市将充分用好"人才政策升级版45条"等人才政策，完善智能建造人才培育的相关政策措施，引进和培养更多的智能建造复合型人才，同时支持鼓励骨干企业、重点高校和科研院所依托专业课程设置、重大科研项目和示范应用工程，组建智能建造领域院士和博士后工作站点，形成源源不断的技术创新动能，培养一批行业领军人才、专业技术人才、经营管理人才和产业工人队伍，为智能建造科技创新和产业发展提供有力的人才支撑。

7. 温州市探索"智能建造装备＋产业工人"发展模式

温州市结合城市定位、产业特征和优势，积极探索"智能建造装备＋产业工人"新型劳务模式，将推广应用智能建造装备同培育新时期建筑产业工人有机结合，稳步推进施工现场人机协作的智能建造应用场景建设，打造应用型智能建造试点城市样板。

1）坚持问题导向，厘清试点城市发展路径

温州市建筑业以民营企业为主，市场活跃、竞争激烈，近年来产业规模逐年上升，总产值持续保持12%以上的增速。但同时，由于作业环境差、工作强度大，年轻人从事建筑施工的意愿度低，建筑工人老龄化、用工荒、技能低等问题日益凸显，目前全市50万建筑工人中45岁以上人员占比约52.3%，50岁以上占比超过32%。为此，温州市以智能建造城市试点为契机，确定了"智能建造装备＋产业工人"的试点工作特色，制定了"一核三库"的发展策略，即以培育熟练掌握智能建造装备操作技能的专业劳务班组为核心目

标，以装备库、班组库和项目库"三库"协同发展为实施路径，不断提升建筑工人的技能水平、薪酬待遇和职业发展空间，为建筑业工业化、数字化、绿色化转型升级提供更有力的人才支撑。

2）完善技能培训机制，夯实人才队伍建设基础

充分发挥骨干企业、院校、产业基地带头作用，不断完善建筑工人技能培训的市场机制，加快培育一批以高技能工人为骨干的建筑产业工人队伍，以从业人员技能素质的提升反哺产业发展，推动高质量发展理念深入人心。一是探索政府搭台、校企合作的人才培养模式。支持温州职业技术学院、江楠产业工人基地加强与市内外建筑企业合作，打造产教融合生态圈，提高人才培养质量。目前，温州职业技术学院已投入2100多万元建立智能建造实训中心，其中企业以产教融合方式实物捐赠680多万元，毕业学生自愿优先在企业就业，初步形成了共建共享的校企合作机制。二是创新理论与实践优势互补的教学模式。在培训主体上，推动院校培育核心技术人才的优势和产业基地训练专业班组工人的优势互补；在教学内容上，推动院校的BIM、数字化系统等教学优势和产业基地的机器人、特种设备实践优势互补；在考核认定上，推动院校在理论知识考核的优势和产业基地进行现场实操考核的优势互补。三是搭建技能比武竞争模式。计划组织全市建筑行业人才技能比武竞赛，以BIM应用、智能建造装备操作等为重点，角逐行业技能"尖兵"。同时，积极弘扬工匠精神，比照相应技术职称，对成绩突出的选手认定为技师或高级工，并授予温州市技术能手等荣誉称号，助推高技能人才队伍建设。

3）推动三库协同发展，强化智能建造科技赋能

积极发挥政府引导和支持作用，通过装备库、班组库和项目库"三库"建设，为智能建造人才的培养和成长提供良好的实践载体，推动产学研用融合发展，充分展现智能建造对行业高质量发展的科技赋能作用。

（1）建立分层应用装备库

一是全面梳理智能建造装备推广清单。在系统调研现有技术产品的基础上，根据人机协同深度和推广难易程度将国内工程机械装备分为实用惠民的普及版工程装备、成熟适用的专业版建筑机器人、多机协同的体系化建筑机器人三个层次，并分类建立智能建造装备库。二是大力推广成熟适用的智能建造装备。以普及版工程装备、专业版建筑机器人为重点，坚持成熟一个推广一个的原则，率先在全市房屋建筑和市政工程项目中推广应用钢筋自动捆扎机、智能计重地磅等20款实用惠民的普及版工程装备，以及测量、外墙喷涂等12款专业版建筑机器人。通过举办全市智能建造装备展示会，向企业集中宣传展示智能建造装备在工程建设提品质、降成本、保安全等方面的实施效益。三是积极推动工程装备改造升级。对普及版工程装备，在项目全面推广使用的基础上，结合现场经验积累，通过植入芯片等方式进行数字化、智能化升级改造。对多机协同的体系化建筑机器人，将持续跟踪评估其使用性能和产出效益，并择优选用。

（2）打造产业班组储备库

一是开展产业工人平台建设。通过信息平台对全市建筑工人进行排摸梳理，以泥工、木工、油漆工等不同班组为单位进行归类。下一步将在此基础上，遴选出相对年轻、文化水平较好、接受能力强的工人作为智能建造班组的产业工人培育对象。二是强化工人技能考核。支持行业协会探索智能建造产业工人队伍培训考核机制，按智能建造装备操作要求准备相应的师资和教材，并组织开展培训考核，对通过考核的人员颁发上岗证并进行星级评定，纳入相对应的智能建造班组储备库，作为下一步开展智能建造劳务作业的重要支撑。三是加强两场联动。动态跟踪智能建造装备在智能建造试点示范项目中的施工内容、施工质量和工程造价，在产业工人平台发布项目班组需求信息，及时出台智能建造造价标准，为推动智能建造工程现场和劳务市场联动创造有利条件。

（3）培育市县两级项目储备库

按照县级智能建造项目为试点、市级智能建造项目为示范的思路，有序开展不同应用深度的智能建造项目培育。一是征集遴选试点项目。建立全市智能建造试点项目库，研究制定《县级智能建造项目、骨干企业遴选要求》，明确试点项目建设要求。二是发挥示范项目引领作用。重点围绕智能建造装备、BIM 设计、数字化管理平台等方面，打造智能建造典型应用场景，如在智能建造装备方面，按照应用 5 项以上普及版装备和 2 项以上专业版装备的要求打造市级示范项目。三是实施全过程跟踪服务。按照项目规模类型不同，制定分层次的智能建造工程项目质量安全管控服务要求。在市级及以上示范项目上建立"一项目一监督一专家"机制，明确质量安全监督员和智能建造专家，提供全过程跟踪服务，通过日常监管、评价评优、社会监督等方式加强试点过程中的问题归集和经验总结，努力为社会提供高品质建筑产品，不断增强人民群众的获得感、幸福感和安全感。

8. 台州市以数字赋能智能建造

台州市以数字赋能智能建造，激活建设领域新质生产力。自 2022 年获批智能建造试点城市以来，台州市紧抓智能建造发展机遇，按照"一年打基础、两年出成果、三年作示范"的工作目标，以试点项目为抓手，围绕产业智能化、行业数字化、人才专业化等重点任务，持续推进数字技术同产业和行业深度融合，引领建筑业转型升级，加快形成具有台州特色的新质生产力，积极打造智能建造"台州样板"。

1）建立统筹协调机制，高规推进试点工作

试点以来，台州市委、市政府科学部署、统筹谋划智能建造实施方案和扶持政策。一是加强组织领导。成立智能建造专项工作领导小组，组建智能建造工作专班。2023年4月，台州市人民政府印发《台州市智能建造试点城市实施方案》，聚焦完善政策体系、培育智能建造产业、建设试点示范工程等八项重点任务，统筹协同推进试点工作。2023年9月，印发《台州市人民政府办公室关于进一步支持建筑业做优做强的实施意见》，明确提出大力发展智能建造，推动形成一批智能建造龙头企业，引领并带动广大中小企业向智能建造转型升级，打造建筑业"台州智造"。二是出台扶持政策。将智能建造工作融入全市建筑业发展大局，在金融支持、税费优惠、用地保障等方面提供政策倾斜。在招标投标支持方面，对新开工总建筑面积大于等于5000平方米的政府投资项目，可在招标文件中对智能建造技术应用提出明确要求，并作为招标择优因素。在金融支持方面，对重点项目发放金融机构非政策性贷款，或对引进智能装备创业创新团队项目，按照项目规模给予200万～2000万元资助。目前，全市有2家公司获得1000万元以上资金资助。

2）聚力创新产业集聚，厚植智能建造技术沃土

产业作为智能建造的核心载体，也是实现智能建造的基础环节。台州市实施链式招引，推广创新装备应用，切实提升智能建造领域的人机协作能力，积极引导智能建造产业链集聚。一是分类推广智能建造技术，强化示范带动。2024年，遴选发布6大类35个台州市智能建造新技术新产品创新服务案例（第一批），及时总结推广试点项目成功经验，发挥项目示范引领作用，带动建筑企业实现产业提档升级。如天台县市民中心项目，在应用建筑机器人、产业互联网平台等智能建造相关技术后，累计节约工程造价约120万元，缩短约7%的总工期，有效提升了工程建设效率和效益。目前，全市70个智能建造试点项目已广泛应用钢筋捆扎机、智能施工升降机等自动化设备，钢筋捆扎效率提高3倍，质量更有保障，已具备大规模推广的基础。二是实施链式招引，引导产业集聚发展。打造约3平方公里集科研开发、产品生产、应用展示、技能培训、物流运输等功能于一体的智能建造数字化产业园区。通过引进优质项目、鼓励技术创新、加强人才培养等方式，引育部品部件生产、高端装备研发制造等智能建造上下游企业，实现产业布局从"零散点状"向"系统链式"转变，构建智能建造产业创新集群，产业园已于2023年开工建设。各县（市区）结合产业优势，布局建设配套智能建造产业园区，黄岩区已成功引进中岩数字科技有限公司，2024年度新签订销售合同3000万元，首年即实现盈利；台州湾新区引进太平洋建设集团，现已完成总建筑面积约30万平方米的云湖核心区块建筑业智能建造发展中心方案编制。三是紧盯设备更新，丰富装备应用场景。聚焦起重机械、钢筋绑扎、楼板打孔等"危繁脏重"场景，研发升级智能建造装备。如本地企业揽胜重工自主研发的智能施工升降机，获得浙江省首台套重大技术装备认定，每台设备可替代两名操作工人，使用时间不受人工限制，减少 30% 的人力成本支出，且安全性大幅提升。目前已有超过 400 台智能施工升降机在全市建筑工地使用。

3）聚焦工程质量安全，创新建设行业数字监管

聚焦数字化改革，大胆探索、先行先试，加快探索与智能建造相适应的工程质量安全数字化监管模式。一是建设质量安全数字化监管平台。平台包括工程质量检测、起重机械管理、预拌混凝土等 13 个子系统，探索工程质量协同管理、施工现场安全管控等方面应用场景。通过三个月试运行期，基本实现建筑工程"一套机制抓建设，一个平台管行业，一张网络全覆盖，一套数据全服务"，平台已于 2023 年 6 月正式上线，共有 2434 个项目纳入数字化监管平台，总建筑面积约 7737 万平方米。二是工程质量全环节透明。将全市检测机构纳入工程质量检测系统统一管理。系统自动获取桩基、混凝土等检测全过程数据，包括视频、照片等，并实时上传，通过 AI 自动分析识别检测过程中出现的异常情况，向监管人员发出预警，检测报告配备防伪二维码，有效解决了工程质量检测"过程不真实、数据不可溯、报告不可信"等检测痛点问题。截至目前，系统有效监管全市 53 家检测机构、5412 台检测设备，自动分析接样日期异常 4064 次、重复试验 6742 次、检测数据异常 6060 次，从源头有效防范质量风险。三是施工安全全方位互联。建立起重机械主要构配件电子身份证管理制度，解决不同型号塔身混用、配件自行制作等问题。实现司机、安拆和检测人员自动核实，起重机械使用维保记录可追溯，设备全生命履历自动生成等功能。截至目前，预警系统对施工现场隐患易发点进行实时监测，发出起重机械安装警示信息 5331 条，维保提醒信息 7.6 万条，关键岗位人员和特种作业人员证书延审提醒 11.1 万条，企业安全生产许可证到期提醒 3582 条，对消除重大安全隐患起到及时预警作用。

4）强化人才引育留用，激发多维度创新活力

一是聚焦"三支队伍"，构建人才发展格局。培养专家型管理人才队伍，将智能建造专题培训纳入各县市区分管领导、建筑企业负责人教育培训计划，累计培训 57 人次。引育高水平创新人才队伍，通过台州市高层次人才计划"500 精英"引才计划引入高层次人才，目前 19 位人员已顺利落户台州。打造高技能产业工人队伍，2023 年度召开 3 期建筑业企业级、项目级智能建造职业技能培训班，累计培训 719 名智能建造相关产业工人，提升产业工人职业技能水平。二是聚焦"专精特新"，提升企业创新能力。通过鼓励企业成立技术中心、建立"专精特新"动态培育企业库等方式，支持企业加强科技研发。截至目前，累计培育认定 75 家市建设行业企业技术中心、11 家省建设行业企业技术中心、2 家省建设行业"专精特新"企业，在库培育"专精特新"建筑业企业 28 家。三是聚焦需求

导向，搭建产学研平台。探索校企协同育人模式，建立台州市智能建造联合实训基地，形成"一个学生、一家企业、一名老师、一位师傅"培训方式。智能建造联合实训基地已获批浙江省"十四五"省级大学生校外实践教育基地，实训大学生 800 余人次。

下一步，台州将以智能建造试点城市建设为契机，充分汲取其他优秀试点城市经验做法，重点围绕以下三个方面开展工作。一是继续推广应用智能建造技术。按照"谋划一批、储备一批、成熟一批、启动一批"的思路，引导智能建造骨干企业加大科技投入更新迭代产品，评估智能建造新技术新产品创新服务案例应用情况，拓展智能建造应用场景，助力试点示范项目建设。二是持续迭代升级智能建造监管。针对工程建设质量和安全生产关键环节，推进多方协同的数字化监管体系建设，探索"一个系统、一张图"推进工程项目建设，真正实现数智管理全集成。三是稳步推进智能建造产业园建设。梳理台州智能建造上下游产业链新需求，找准产业链薄弱环节，着重补齐补强产业结构。加大对智能建造产业园企业的支持力度，优化产业园安全发展环境，实现智能建造产业集聚、转型升级和持续健康发展。

三、智能建造关键技术研发推广情况

智能建造关键技术基于以"三化"（数字化、网络化、智能化）和"三算"（算据、算力和算法）为特征的新一代信息技术，主要包括面向全产业链的工程软件、面向智能工地的工程物联网、面向人机共融的智能化工程机械、面向智能决策的工程大数据等技术，可以有效支撑数字设计、智能生产、智能施工和智慧运维。国外发达国家信息化基础较好，智能建造关键技术研发起步较早，在数字化设计软件、智能制造、工程物联网、智能工程机械元器件与逻辑控制器、数据存储与处理产品等基础技术方面优势明显，但在智能施工、建筑产业互联网和建筑机器人等应用领域也处于探索阶段。国内建筑业企业已经开展了一些技术研发和工程应用，部分信息技术企业也在积极跨界融合，在数字设计、智能生产、智能施工和建筑产业互联网等智能建造关键技术研发和应用方面已经取得了初步成效。

为引导各地主管部门和企业全面了解、科学选用智能建造技术产品，本书在总结评估124个智能建造新技术新产品创新服务典型案例的基础上，结合丁烈云院士发表的《我国智能建造关键领域技术发展的战略思考》，对数字设计、智能生产、智能施工、智能建造装备、建筑产业互联网、智慧监管6大类智能建造关键技术和应用场景进行了分析。

（一）数字设计关键技术研发推广情况

1. 技术发展情况

1）技术简介

以BIM技术为代表的数字设计是智能建造的基础，是在CAD等技术基础上发展起来的多维模型信息集成技术，是对建筑工程物理特征信息的数字化承载和可视化表达，能够支撑建筑全生命周期各参与方之间的信息共享，支持对工程环境、能耗、经济、质量、安全等方面的分析、检查与模拟，可以实现工程项目的虚拟建造和精细化管理。要实现智能建造，必须从建筑规划、设计、生产、施工、运维全生命周期围绕一个核心模型开展，使产业链各方可以围绕一套数据基础在时间维度上进行变化，整合各专业数据、建造数据、生产数据，使得每个建筑都有唯一的数据集，真正使建筑成为一个统一的整体系统。

2）国外技术研发推广情况

目前，国际主流 BIM 软件均来自国外发达国家，如美国欧特克（Autodesk）公司、美国奔特利（Bentley）公司、德国内梅切克（Nemetschek）国际集团图软（Graphisoft）公司、法国达索（Dassault）公司，同时 Rhino、Maya 等参数化设计工具已可进行跨专业协同设计。此外，部分企业结合人工智能技术研发了一系列智能设计软件。如西班牙 Smartscapes Studio 公司研发的生成式住宅设计工具 ARCHITEChTURES 可以引入设计标准和要求，由 AI 自动生成设计方案，设计师可以在图纸上进行简单的划线、拖拽等操作，完成细部修改设计。加拿大的 Aumenta 公司的电气管道智能设计软件主要用于管道深化设计，可以自动生成多个电气管道排布方案，并列出每种方案的成本，点击对应的方案，就可以生成三维模型，当建筑方案发生变化的时候，也可以一键生成新的电气管道排布方案。

在国外应用方面，BIM 技术在发达国家工程建设领域的应用较为成熟。据美国咨询机构 McGraw Hill 调研，2007 年美国工程建设行业应用 BIM 技术的比例为 28%，2009 年增长至 49%，2012 年达到 71%，此后一直维持在较高水平。据英国研究机构 National Building Specification（NBS）统计，2020 年英国有 73% 的从业人员正在使用 BIM 技术，是 2011 年的近六倍。BIM 技术在新加坡的应用虽在 2010 年才起步，但自 2015 年以来，新加坡建设局要求建筑面积大于 5000 平方米的项目都必须提交 BIM 模型，BIM 在建筑工程中的应用率达到 80% 以上。

3）国内技术研发推广情况

国内数字设计软件依然面临着严重的"缺魂少擎"问题，71.78% 的受访人员选择 AutoCAD 为主要使用的 CAD 几何制图软件，超过 50% 的受访人员主要使用 Autodesk Revit、Civil 3D 等国外 BIM 建模软件。面对以 Autodesk 系列产品为代表的国外工程软件的冲击，国产设计建模软件很难在短时间内建立起竞争优势。在工程设计分析软件方面，接近 60% 的主流软件来自国外，国外软件以其强大的分析计算能力、复杂模型处理能力牢牢占据市场前端；在复杂工程问题分析方面，国产软件依然任重道远。

在国内应用方面，近年来各地以推广 BIM 技术为抓手积极推广数字设计。如广州市通过加强投资、规划、建设等环节的监督管理，强化 BIM 技术应用。项目立项阶段，投资主管部门对 BIM 应用相关费用进行审核；规划审批阶段，在规划审查和建筑设计方案审查环节采用 BIM 审批；施工图设计、审查阶段，采用施工图 BIM 审查；施工及竣工验收阶段，运用 BIM 模型进行建设监管及竣工验收备案。重庆市要求从 2021 年起，主城区政府投资项目、2 万平方米以上的单体公共建筑项目、装配式建筑项目在设计、施工阶段均应采用 BIM 技术，并通过 BIM 项目管理平台提交 BIM 模型，全面推广 BIM 技术。万科集团采用人工智能技术辅助审查施工图，研发了"万翼 AI 审图"系统，目前已支持 820 条国家标准和 79 条万科企业标准的智能审查，覆盖建筑、结构、给水排水、暖通、电气五大专业，实现批量自动审查，并在重庆万科四季花城试点项目中应用，单张图纸审查时间平均为 5.9 分钟，准确率达到 90% 以上。

2. 典型应用场景

目前，数字化设计典型应用场景主要包括数字化技术在装配式建筑、轨道交通、装修、建筑方案比选、园林绿化等工程项目设计中的应用。

1）在装配式建筑设计中的应用场景

场景简介：以基于 BIM 的装配式建筑设计软件 PKPM-PC 的应用为例，该软件是"十三五"国家重点研发计划项目"基于 BIM 的预制装配建筑体系应用技术"的研究成果，重点解决基于 BIM 技术的装配式建筑方案设计和深化设计问题，内置国标预制部品部件库，提供智能化构件拆分、全专业协同设计、结构计算分析、构件深化与详图生成、碰撞检查、设备开洞与管线预埋、装配率统计与材料统计、设计数据接力生产设备等模块。

应用成效：一是解决了二维设计图纸无法处理的复杂预制构件设计与节点钢筋避让问题。二是提升指标计算准确度，助力构件设计安全性。PKPM-PC 中的指标与检查功能，可实现全国近二十个地区的装配率计算，满足各省市工程实际要求。三是解决了大量详图批量出图及修改问题，与传统的设计方式相比，采用 PKPM-PC 的装配式建筑设计可使效率提高 20% 以上。四是实现了设计、生产数据自动对接。五是利用 PKPM-PC 软件，可直观从三维层面进行设计，随时观察设计结果，及时发现设计问题并给予解决。六是软件提供的合理参数设置、交互设计及图纸清单统计等功能，充分考虑了从装配式建筑设计、生产到施工各阶段的应用特点，提升了装配式建筑设计水平。

2）在轨道交通工程设计中的应用场景

场景简介：以 BIM 全流程协同工作平台在北京市城市轨道交通工程中的应用为例，该平台以"可视化设计""精细化施工""信息化管理"为指导思想，将 BIM 技术应用至建设全过程，各参建单位在统一的组织框架、标准体系和平台界面下协同作业，虚拟指导实体建造，达到"工程建设投产，即可实现资产清晰移交"的先进管理目标，在交付实体地铁项目的同时，移交一套数字化地铁成果。

应用成效：一是提升了 BIM 模型质量，通过使用协同平台，连接各参建单位，实现了多方模型审核，通过三维模型与设计图纸联动更精确地查看和审核模型，提升了 BIM 模型质量。二是提升了 BIM 模型审核工作效率，协同平台根据不同模型标准预制不同的审核维度，审核人员直接按照审核点审核即可，极大提升了审核效率。三是解决了二维设计图纸和 BIM 模型不同步的问题，地铁系统专业繁杂，设计工艺多变，BIM 模型轻量化导入平台后，通过审核流程与设计图纸完成双向审核，设计人员可同步下载审核报告校验设计图纸，发挥 BIM 的价值。四是促进了轨道交通各参建单位数字化转型，提升了城市轨道交通系统复杂数据信息的智能化应用水平，为实现城市轨道交通建设的智慧化奠定了坚实的基础。

3）在装修工程设计中的应用场景

场景简介：以"开装"装配化装修 BIM 软件应用为例，该软件基于标准化的装配式装修产品工艺体系，适用于装配化装修工程设计、生产下单、施工管理，包含墙面设计、吊顶设计、地面设计、卫生间设计、水电设计等硬装设计版块，可实现快速建模、出图、算料等功能，并可与建筑、结构、给水排水、暖通、电气等专业协同，满足各类型项目的装修需求。

应用成效：一是通过对 3D 测量数据导入格式的支持，提高了工程设计的精准度。二是系统的一键排版、自动算料等功能，简化了设计师的工作量，减少了设计尤其是深化阶段的绘图和算料时间，相对采用 CAD 等传统设计工具，综合人工成本可降低 80% 以上。三是精确的物料清单为精细化生产和施工管理提供了依据，避免了人工算料造成的误差，减少了材料浪费，在材料方面比传统方式节约 5% 左右。四是通过模型三维可视化技术交底和"二维码"扫描技术的应用，提高了项目各方对设计意图的理解、工程难易程度的认知，方便了施工方案的交流和审核，促进了项目各方共识的顺利达成。

4）在建筑方案比选中的应用场景

场景简介：以小库智能设计云平台在建筑工程项目设计方案评估、优化和生成中的应用为例，该平台应用于协助设计院和开发商在房地产开发投资拓展决策阶段，通过一键查询项目周边信息、AI（人工智能）辅助设计、实时校核修改、联动核算指标数据、项目协同交互编辑、多种格式成果输出等功能，快速生成规划设计和开发决策的 AI 强排方案，提升设计合规性，简化设计流程，提高决策效率，缩短项目周期。

应用成效：一是平台运用 AI+ 大数据，赋能设计院快速提供智能设计解决方案，解决建筑方案设计前期痛点、难点，快速输出优秀设计成果，达到沟通交流顺畅、降本增效的目的，目前已实现平均项目价值提升 10%～15%。二是平台为房地产企业提供了智能产品与解决方案，协助企业在新一轮挑战中降本增效、提升价值，帮助企业在投研阶段更加注重精细化管理提效和科学决策判准，解决目前设计端口存在的投前研判效率低、人工成本较高、方案复改频繁、人员精力分配不足等问题。

5）在园林绿化工程设计中的应用场景

场景简介：以"黑洞"三维图形引擎软件在第十届中国花卉博览会（上海）数字管理系统中的应用为例，该系统通过多技术融合，将 BIM+GIS 模型中包含的大量数据信息与二维码、AR 等技术融合，实现项目整体数字化，让数据成为可读取、可使用的数字资产，通过对场景中三百余种植被类型、八万多颗树种模型及周边场馆的多源异构数据进行支持，呈现出园内各种设施和树种信息与模型的超大场景，为后续园区总体运维打下基础。

应用成效：一是基于"黑洞"三维图形引擎开发的种植管理系统对矢量路径及树木位置坐标自动识别，精确匹配模型位置，一键完成系统内大小树木自动定位种植，大大减轻了设计人员对树木模型定位的时间。二是通过系统在后期形成的独立的树木运维系统，以及每棵树木上的独立二维码，生成每棵树木名称、高度、木龄、管养时间等信息图形，实现树木的精益管理。三是打通园区各管理部门的数据，实现部门资源共享，同时在设计及施工阶段采集园区内的相关数据，整合为园区数字资产。

（二）智能生产关键技术研发推广情况

1. 技术发展情况

1）技术简介

智能生产的核心是集成应用分布式数控系统、柔性制造系统、无线传感器网络等智能装备和技术，实现部品部件生产智能化。一方面，以数字设计成果为载体驱动工厂设备完成智能化生产，实现设计数据直接指导项目采购、工厂生产、现场施工和建筑运维；另一方面，通过工厂生产与施工现场实时连接并智能交互，以现场精益化施工驱动工厂精益化生产，推动智能化的生产调度、物流调度、施工调度等数据流动的自动化，实现项目浪费最小化、价值最大化，交付工业级品质的部品部件。

2）国外技术研发推广情况

发达国家建筑部品部件工业化生产水平高，具备发展智能生产的良好基础。随着智能制造成为全球主要国家制造业竞争的焦点，德国、日本等国家的建筑企业也积极研发应用智能制造技术，建设了一批部品部件智能工厂。如德国艾巴维设备技术有限公司是全球领先的预制构件智能生产装备制造企业，研发了置模机器人、拆模机器人、自动化钢筋生产、混凝土自动布料机、堆垛机、智能翻转装置等智能生产技术，推动建设了一批预制构件智能生产工厂。位于慕尼黑的 Innbau 预制构件厂应用了清扫、拆模、划线、置模一体化智能机器人，可根据构件设计数据，通过互联网获取中央控制系统指令，自动抓取并放置边模，绘制出模台上嵌入构件的轮廓，帮助后续箍筋和校对的工位。所有模台的移动路线是由主计算机自动生成，将整个生产过程中的构件准确组合，同时也使得仓库或建筑工地中的物流更加顺利地进行。

3）国内技术研发推广情况

国内部分建筑企业也建设了一批预制构件智能工厂，涵盖预制混凝土构件、钢构件、木构件和装配化装修等方面，提高了标准化部品部件生产效率和质量。其中，中建科技、中建科工、美好置业集团、三一筑工科技股份有限公司（简称三一筑工）智能工厂实现了机械臂自动布置模具、钢筋网片全自动加工、混凝土智能布料等功能，已在试点项目中应用。广东省惠州市中建科工钢构件厂是重钢结构智能工厂，实现了上料、切割、下料、余废料回收全流程"无人化"作业。和能人居科技天津滨海工厂装配化装修墙板生产线实现了墙地板涂装、墙板包覆、裁切等硅酸钙复合板的智能生产，生产效率提高 30% 以上，运营成本降低 30% 以上，产品不良品率降低 20% 以上，单位产值能耗降低 10% 以上。

2. 典型应用场景

目前，智能生产典型应用场景主要包括智能化技术在预制混凝土构件、钢构件、木构件、装配化装修墙板、门窗系统、机电设备管线、整体卫浴等部品部件生产中的应用。

1）在预制混凝土构件生产中的应用场景

场景简介：以湖南省三一榔梨工厂预制混凝土构件生产线为例，该工厂以"数字化驱动""智能化作业""信息化管理"为目标，研发应用了数控划线涂油机、数控钢筋桁架机、钢筋桁架自动投放机械手、抓钩堆垛机、智能布料机等智能化装备，可按生产工艺自动读取解析三维 BIM 模型，实现设计数据直接驱动现代数字化生产，提高了关键信息在各设备、各工位之间传递的时效性、准确性，实现了设计数据直接驱动生产、云端"异地、实时"交互、工厂要素和业务运营情况在线、可视、透明，提升了预制构件生产的智能化应用水平。

应用成效：一是打通建筑设计软件（PKPM 和 PLANBAR）的源头，实现设计 BIM 模型直接驱动智能化生产过程，解决了设计和生产工艺脱节的难题。二是建立轻量化 SPCI 平台，通过 3D 模型轻量化技术，实现设计数据与预制构件工厂云端"异地、实时"交互，以及"所见即所得"的协同制造，进一步解放了生产力。三是生产效率大幅提升，用工数量降低 40%（由 40 人降至 24 人以下，水平构件的用工数量可降低至 12 人），生产节拍缩短 40%（由 10 分钟降至 6 分钟），人均产能提升 100%（由 1.2 立方米 / 班提升至 2.4 立方米 / 班），可增加约 500 万元 / 年的盈利能力。

2）在钢构件生产中的应用场景

场景简介：以广东省惠州市中建科工钢构件生产线为例，该生产线基于建筑钢构件传统生产模式极度依赖人工经验的现状，研发了适用于建筑钢结构生产的智能装备、一体化工作站以及智能生产线，开发了钢结构工业互联网大数据分析与应用平台，建立了钢结构工业互联网标识解析体系，应用了无人切割下料、卧式组焊矫一体化加工、智能化仓储物流以及机器人高效焊接等技术，解决了传统设备动作单一、自动化程度低、质量一致性难以保证、设备与设备之间协同性差、钢结构制造生产线布局难以满足钢结构自动化生产需求的问题，完成了 80% 工序中智能装备的联动应用，全面提升了钢结构制造的效率和质量水平，实现了绝大部分工序的"机器代人"。

应用成效：一是打破了传统钢构件生产模式产能效率低下等瓶颈，为建筑钢结构智能生产提供了一套可供参考的标准体系。二是提高了生产效率，生产周期由传统模式的 718 分钟缩短为智能生产线模式的 559.8 分钟，生产周期缩短 22%，人均效率提升 23.56%。三是降低了单位产值能耗，采用能耗监控系统对生产设备进行能耗监控，并且通过系统分析其带载、闲置情况以及利用率，避免能源流失浪费，单位产值能耗降低 10% ～ 40%。四是缩短了产品研制周期，设计、工艺一体化缩短了信息流转途径，信息流转交互过程基于软件、系统和工业互联网，减少了信息流转耗时。

3）在木构件生产中的应用场景

场景简介：以苏州昆仑绿建胶合木柔性生产线为例，该生产线采用国际先进的机械臂和导轨技术，依托积累的大量的木制品加工数据，建立了切、铣、钻、镗、锯、打钉、放样等主要加工工序的算法模型，开发了物料传输系统、视觉定位系统、工装夹具系统以及加工程序软件，实现了单机六轴智能控制以及多机多轴联动控制，与传统加工中心相比提高了加工效率与精度，实现了非标木构件定制化大批量生产。

应用成效：一是实现了木构件智能化柔性生产，可从后端将数据传输给机械臂，机械臂调取数据进行加工。二是全流程贯穿 BIM 技术，提高了设计、加工自动化程度和安装精度。三是采用智能机器人对木料进行切割、打孔等深加工操作，单条机器人生产线加工能力为 20 立方米 /8 小时，相当于传统人工 8 ～ 10 人 12 小时的工作量，将木结构加工过程的耗时减少了近 60%，建造成本降低 20% 以上，提升了切割、打孔、铣削、开槽效率和准确性。四是工业化生产方式降低了构件加工和安装的难度，提高了构件安装质量并缩短了安装时间。

4）在装配化装修墙板生产中的应用场景

场景简介：以和能人居科技天津滨海工厂装配化装修墙板生产线为例，该生产线包括智能墙地板涂装、智能墙板包覆、智能裁切三条生产线，采用数据中心、BIM 系统、MES 系统、自动仓储系统以及激光切割机、数控加工中心、高速数码喷印生产线等智能装备，具备设计文件自动存储管理、生产自动化排程、产品设备程序及文件自动下载、产品质量追溯、产品搬运传输、生产管理过程数据化可视化等功能，构建了以数字化、智能化为基础的大规模生产能力，提升了公司交付和盈利水平。

应用成效：一是生产效率提高约 30%，智能墙地板涂装线达到 450 平方米 /（人·小时），智能墙板包覆线达到 180 平方米 /（人·小时），智能裁切生产线达到 360 平方米 /（人·小时），效率提升约 30%，用工数降低约 56%。二是运营成本降低约 30%，机器出材率比原手工出材率高，降低了单位原料成本，人工费随用工数下降，电费和折旧分摊也随之下降。三是产品不良品率降低 20% 以上，老生产线产品不良率较高，因车间环境清洁度低造成饰面板表面有颗粒，因人为原因操控打印机造成产品色差问题多。四是单位产值能耗降低约 10%，三条生产线单位时间产能平均提高 2.4 倍，功率提升 1.7 倍，单位产值能耗降低 10% 以上。

5）在门窗系统生产中的应用场景

场景简介：以河北奥润顺达高碑店木窗生产线为例，该生产线采用"柔性化 + 自动化"模式，实现了型材从机械手臂上料，端头加工及纵向加工，到机械手下料的自动化，可以实现客户在线选择，满意后直接付款下单，系统自动拆解图纸、制图并存于系统之中，自动产生材料出库单、生产图纸并排定生产计划，通过各部门、工序的操作自动记录时间节点，入库齐套，实时显示下单、店审、生产预处理、原材料出入库、发货状态，可以有效减少报价、人工设计制图时间，提高部门协作效率，既能迅速完成零售散单的生产，也可以适应大批量工程订单生产。

应用成效：一是产品下单智能化，标准产品由经销商填写订单基础信息，系统自动完成订单拆解和报价核算，将原来人员 7～10 天的处理周期缩短到 2 天完成。二是产品生产智能化，系统加工文件直接导入设备中，设备自动进行下料和打印标签，工人仅需上料、贴签、分拣即可，改变了传统的人工输入加工数据的木窗加工流程。三是采购方式信息化，系统根据生产需求、仓库安全库存、物料清单汇总自动生成物料申购单，解决了以往根据经验备料导致库存积压、采购没有主动权的问题。四是技术设计的标准化和智能化，经销商选择窗型，完善产品尺寸、材质等加工信息后，系统自动调用三维模型进行拆解，将原来 3 天订单拆解时间缩短为 3 分钟。五是数据统计分析智能化，系统自动统计形成销售报表、经销商财务对账、物料库存、采购等统计报表。六是木窗喷涂智能化，生产线搭载智能喷涂机器人系统，可完成不同角度放置的木窗喷涂任务，喷涂定位精度为 ±1 毫米，单台每日可完成 500 平方米木窗的喷涂任务，比原有传统年产能效率提升 2 倍，比传统喷涂单条流水线节省人员 4 人，年节省约 20 万元人工费。

6）在机电设备管线生产中的应用场景

场景简介：以无锡市工业设备安装有限公司研发的基于 BIM 的机电设备设施和管线生产线为例，该生产线基于机电设备设施模块化装配式施工特点，建立了综合设计、研发、生产、管理相结合的一体化体系，开发了面向智能制造的工业 IoT-BIM 综合管理应用平台，研发了数据模型转换接口软件和操纵序列到预制工厂的远程传输技术、机器人高效焊接技术、标准化预制加工技术，完成了 80% 预制加工工序的智能化升级，提升了机电设备设施和管线的预制加工效率和质量水平，实现了传统人工生产向智能化生产方式的转变。

应用成效：一是运用 BIM 技术进行预制前的设计分析、多维数据信息的存储，提高了预制加工中的精确度和操作人员的工作效率。二是提高了生产效率，生产周期比现有传统施工方式节约 40%。三是通过前期 BIM 深化设计、优化管路排布、采用智能化设备代替人工作业、科学排版下料，降低材料损耗约 20%。四是通过基于 BIM 模块化设计及生产，提高集成度，空间紧凑美观，易于后期检修，综合提高了机电工程建设效率和质量。

7）在整体卫浴生产中的应用场景

场景简介：以广东睿住优卡科技有限公司研发的整体卫浴智能生产线为例，该生产线包括瓷砖壁板、瓷砖底盘、彩钢板自动折弯、SMC 底盘纳米陶瓷喷涂、自动化制作、SMC 大型数控模压六大自动化生产线，以及制造执行系统、企业资源计划系统、大数据管理系统和销售服务平台四大数字化智能系统，具备视觉识别、距离识别、尺寸识别等功能，通过视觉系统生成模型参数，调用云端数据库进行快速匹配识别壁板型号，库卡机器人在工业视觉相机配合下，通过生产线 AI 算法系统匹配用料瓷砖大小，实现了对整体卫浴产品自动打码，数控自动转塔冲压，自动折弯，自动抓取、举升、转动、行走、对位、翻转、吸附、注料、自检、合模、成型、美缝、下线等全过程的智能化生产。

应用成效：一是解决了传统整体卫浴生产线设备动作单一、自动化程度低、质量一致性难以保证、设备之间协同性差、生产线布局难以满足生产需求等问题。二是实现了整体卫浴生产工序各智能设备的联动应用，建立了企业产品库，通过模板快速生成效果图、一键生成订单并下推 ERP、APS 自动排产、MES 生产过程管控、产品全流程追溯，打通智能生产各个环节过程的数据链，实现整体卫浴产品制造过程智能化管控。三是提高了生产效率和产品质量，瓷砖砖缝间隙偏差值控制在 ±0.2 毫米以内，生产中在产品背板自动打印激光二维码，实现质量追溯生产，合格率达到 99.5%（超过人眼检测的 96%），效率为人工的 5 倍。四是经济社会效益显著，在项目应用中，整体卫浴顶板、壁板、防水盘等全部在工厂预制生产，现场采用干法作业，与传统方式对比节约材料 30%，减少装修垃圾 90%，施工效率提高 70%，二次装修成本降低 30%。

（三）智能施工关键技术研发推广情况

1. 技术发展情况

1）技术简介

智能施工通过各类传感器感知工程要素状态信息，可以改善施工现场管理模式，支持实现对"人的不安全行为、物的不安全状态、环境的不安全因素"的全面监管。其特征主要包括三个方面：一是万物互联，以移动互联网、智能物联网等多重组合为基础，实现"人、机、料、法、环、品"六大要素间的互联互通；二是信息高效整合，以信息及时感知和传输为基础，集成工程要素信息，构建智能工地；三是参与方全面协同，工程各参与方通过统一平台实现信息共享，提升跨部门、跨项目、跨区域的多层级共享能力。如通过摄像头、传感器等设备对基坑、模板支撑、施工机械以及施工人员等进行实时监控，及时预警可能发生的危险情况，保障施工安全；对混凝土结构的施工已实现利用卷积神经网络感知分析搅拌机的工作状况进而判断搅拌质量，利用 RFID 记录构件的进场及安装信息等。

2）国外技术研发推广情况

国外在智能施工方面有了一些成功探索，如利用计算机视觉和语音识别技术，从建筑工地采集海量的现场照片和视频数据，然后利用深度学习算法与技术进行处理，标记可能的安全风险，通过平板电脑终端及时、准确地向工人提供针对性的安全建议和教育培训。其中，传感器是实现智能施工的基础关键技术。丁烈云院士的调研结果显示，美国、日本、德国的传感器品类已经超过 2 万种，占据了全球超过 70% 的传感器市场，随着微机电系统（MEMS）工艺的发展，呈现出更加明显的增长态势。

3）国内技术研发推广情况

近年来，各地以建设智慧工地为抓手，推动智能施工技术研发应用取得阶段性成果。自 2019 年起，浙江省、江苏省、湖南省、重庆市等近 20 个省级住房和城乡建设部门相继发布文件，大力推进智慧工地建设。如重庆市提出从 2021 年起，全市新建房屋建筑和市政基础设施项目应建设一星级智慧工地，主城都市区新建政府投资项目应建设二星级及以上智慧工地，鼓励创建三星级智慧工地，对主城都市区中心城区实施工程项目数字化建造试点或三星级智慧工地的房地产开发项目，在商品住房备案价格指导时，考虑其增量成本，并允许适度提前预售。部分地区已初步实现智慧工地全覆盖，如无锡市所有建设工期 3 个月以上的工地已部署了智慧工地管理系统，包括实名制人脸抓拍系统、视频监控系统、扬尘在线监测系统、危大工程监测系统等。中国建筑集团有限公司（简称中建集团）、中国电力建设集团有限公司（简称中国电建）等骨干企业均已全面推广智慧工地，如中建集团已于 2020 年编制了《中建智慧工地标准》。广联达研发的基于 BIM 的智慧工地管理系统实现了工程建设全过程、全要素、全参与方的数字化、在线化、智能化，提高了项目综合管理效率和协同效率。

但与国外相比，国内以工程物联网为代表的智能施工关键技术仍有较大差距。我国工程物联网的应用主要关注建筑工人身份管理、施工机械运行状态监测、高危重大分部分项工程过程管控、现场环境指标监测等方面，然而工程物联网的应用对超过 88% 的施工活动仅能产生中等程度的价值。在有限的资源下，提高工程物联网的使用价值将是未来需要解决的重要问题。

2. 典型应用场景

目前，智能施工典型应用场景主要包括智能化技术在建筑工地远程管理、开发建设单位工程项目管理、智慧工地管理、隧道工程施工管理、复杂空间结构施工管理等方面的应用。

1）在建筑工地远程管理中的应用场景

场景简介：以中国联合网络通信有限公司等单位研发的 5G 高清视频远程监管一体化系统为例，该系统充分发挥 5G 优势，实现了海量底层设备链接、大型机械设备和机器人毫秒级远程实时试验操控、4K 和 8K 超高清视频实时传输、AI 算法精准实时响应、BIM 在作业面场景下的海量数据传输及应用，实现了建筑工地"人、机、料、法、环、测"施工全过程、全要素、全方位监督和管理，可以满足集团管理者、项目管理者、建设及监理管理者多层级多方位管理需求，有利于加强监管力度、扩大监管范围、提升工作效率和监管质量、降低管理成本。

应用成效： 一是解决了智慧工地网络在带宽、传输速率、设备连接数量、信号抗干扰能力、信号稳定性、信号覆盖范围等多方面不足的问题。二是增强了多层级监管能力，实现了提质增效。采用本系统可以补充监管、溯源施工过程中各要素数据，减少监管盲区；采用本系统辅助智慧工地管理，使实时在线视频巡检、云端信息存储、区块链影像回溯等功能大幅提升，提高了监管能力。在疫情严控期间，将原计划45天22人现场管理变成4人5G远程监管考核。三是减轻了劳动强度，节约了人力资源。通过应用固定及移动视频监控、巡检、AI安全预警等功能，项目经理每日巡检时间从原来的2.5小时大幅缩减到40分钟内，有效降低了项目经理的疲劳程度，提高了管理人员的工作效率。

2）在开发建设单位工程项目管理中的应用场景

场景简介： 以北京首开智慧建造管理平台为例，该平台是北京首都开发股份有限公司站在建设单位角度打造的"互联网＋项目管理"综合管理平台，平台充分利用了大数据、云计算、BIM/GIS、移动互联网、物联网等新一代信息技术，是一个贯穿工程项目规划设计、建设施工、竣工验收全生命周期的信息化管理平台。平台的上线运行实现了公司各项目建设的降本增效，提升了传统项目建设中复杂数据信息智慧管理水平。

应用成效： 一是解决了施工、监理、勘察、设计单位工作协调难的问题，减轻了各部门人员的工作负担，提升了公司整体管理水平，对比传统人工管理效率提升50%以上。二是解决了各在建项目数据分散、聚合难的问题，实现了各项目部门之间数据共享与交换，将分散、独立存在的海量数据变成了有价值的项目管理信息。三是解决了异地工程项目质量、安全监管难度大的问题，实现了远程实施监管和技术指导，监管频次增加，成本不增加，年度差旅成本减少约5.8万元/人。四是解决了针对施工、监理等参建单位，缺少统一考核标准与手段、量化考核难的问题，提高了考评工作现场检查、复查、评分计算的效率，减少考评管理工时约0.5个工日/次。

3）在智慧工地管理中的应用场景

场景简介： 以广联达科技股份有限公司研发的基于BIM的智慧工地管理系统为例，该系统可应用于工程项目管理的全过程，在设计阶段可贯穿概念设计、方案设计、初步设计、施工图设计等各阶段设计，并进行分析应用。系统在施工阶段可用于各专业深化设计、施工策划与场地规划、方案比选与优化，施工过程中的进度、质量、安全、成本等管理，以及人员、机械、物资、环境等要素管理等，提高了施工现场的岗位效率、生产效率、管理效率和决策能力等，实现了工地的数字化、精细化、智慧化管理。

应用成效： 一是通过BIM技术与其他数字化技术融合应用，各专业图纸进行集成设计，可提前发现设计和施工中可能存在的问题，设计深度和设计质量得到大幅度提高。二是通过工序级排程、任务实时跟踪，实现进度管理实时化、形象化；通过方案模拟、策划、工序安排，合理选择适用方案、合理组织，减少了现场浪费，提高了管理效率。三是通过现场实测实量、精准验收，提升了过程质量管理水平和产品品质。四是通过风险识别、移动检查，构建全面安全管理体系，有效避免了安全事故的发生。

4）在隧道工程施工管理中的应用场景

场景简介：以北京市市政工程研究院研发的隧道施工智能预警与安全管理平台为例，该平台实现了隧道施工有害气体自动监测、施工现场人员定位与考勤管理、施工信息和监测数据同步、灾害智能预警与应急预案、低温环境下的气候参数自动监测采集等功能，解决了隧道工程施工作业环境复杂、施工安全风险高、监控和预警滞后等问题，提高了在复杂严苛工况下的智慧化隧道施工水平和施工监测效率，有效保障了隧道施工安全顺利实施。

应用成效：一是提高了隧道施工监测的数据实时性，通过采用多网络数据融合技术，保证监测信息得到及时有效反馈，及时发现险情，并及时发出预警。二是改善了隧道施工监测数据管理的易用性和直观性，将二维的交互方式提升为三维可视化交互，解决了二维监测系统存在的人机交互界面复杂、数据显示抽象、容易产生误判和迟滞等问题。三是提升了隧道施工监测对野外作业环境复杂化和多样化的适应能力，解决了施工人员考勤管理与人员定位难以实施以及寒冷地区天气及高海拔等复杂施工环境下的智慧施工监测等问题。四是建立灾害智能预警与应急预案联动机制，基于四色预警机制，制定隧道塌方、突水突泥、瓦斯和岩爆等施工应急响应与灾后救援预案，建立网络化灾害智能预警与应急响应联动机制，解决了发现险情时灾害预警与灾后救援的联动问题。

5）在复杂空间结构施工管理中的应用场景

场景简介：以北京建工集团有限责任公司研发的复杂空间结构智能建造技术在国家会议中心二期项目的应用为例，通过总结多年大型土木工程结构健康监测工程经验，引入BIM、云计算、云存储、人工智能等多项新技术，研发了大跨重载结构卸载过程监控系统及基于北斗系统的曲面滑移监测系统，并集成应用三维激光扫描及建筑机器人，形成了一套适用于复杂空间结构的智能建造技术，可获取施工阶段各工序下结构全尺度、全时段、高精度的实测数据，保障了施工精度及安全，有利于提升复杂空间结构体系设计、施工及运营水平。

应用成效：一是解决了复杂空间结构传统建造模式中存在的依赖于管理者和技术人员的经验、缺乏科学系统的方法、时变性高等问题。二是采用施工现场锂电有轨焊接机器人，焊缝检测合格率可达到95%。三是自主研发大跨重载结构卸载过程监控系统，从数据采集到判别反馈的时间间隔小于30秒，基于北斗系统的曲面滑移监测系统为项目施工安全提供了坚实的数据支撑，避免了施工风险，减少了安全隐患带来的施工成本。四是实现对复杂空间结构施工的全过程实时监测，收集了滑移全过程的关键数据，为后期结构变形观测提供依据，避免了人工操作的安全隐患、精度误差及延迟问题。

（四）智能建造装备关键技术研发推广情况

1. 技术发展情况

1）技术简介

机器人作为衡量一个国家科技创新的重要标志，已在全球范围形成广泛共识。建筑机器人等智能建造装备在传统工程机械基础上，融合了多信息感知、故障诊断、高精度定位导航等技术，核心特征是自感应、自适应、自学习和自决策，通过不断自主学习与修正、预测故障来达到性能最优化，可以解决传统工程机械作业效率低下、能源消耗严重、人工操作存在安全隐患等问题。

2）国外技术研发推广情况

一些发达国家 20 世纪 80 年代起就积极研发建筑机器人等智能建造装备，美国斯坦福大学、麻省理工学院等高校也开展了建筑机器人相关的研究课题。随着智能建造的发展，越来越多的企业将涉足智能建造装备的研发。瑞士苏黎世联邦理工学院的马蒂亚斯·科勒教授于 2006 年开设了建筑机器人实验室，并于 2018 年利用机器人参与建造了一栋三层的木结构房屋。德国以库卡为代表的企业研发了一系列搬运、上下料、焊接、码垛等建筑机器人。日本以清水建设、竹中公务店及鹿岛建设三巨头为首的 16 家建筑公司成立了建筑施工机器人 /IoT 领域技术协作联盟，清水建设研发了用于钢骨柱焊接、板材安装和建筑物料自动运送等建筑机器人，小松公司于 2014 年研发推广了内置智能机器控制技术的智能挖掘机，依托智能决策平台实现了现场施工数据实时传输、分析、计算和对施工机械的智能指挥。韩国三星物产、现代工程、浦项建设等大型建筑公司研发了活动地板安装机器人、地面抹光机器人、焊接机器人等建筑机器人。美国初创企业 Dusty Robotics 建筑机器人公司估值已达到 2.5 亿美元，研发的 FieldPrinter 机器人，能够取代建筑工人手动绘制粉笔线，以帮助规划现场施工布局。

3）国内技术研发推广情况

国内在建筑机器人等智能建造装备的技术研发上也有了一定突破，中建三局、中建科技、中建科工、碧桂园、大疆等公司研发的智能施工平台和测量、喷涂、铺贴、布料等建筑机器人已初显成效。其中，中建三局研发的超高层建筑施工设备集成平台融合了外防护架、伸缩雨篷、液压布料机、模板吊挂、管线喷淋、精益建造等功能，解决了垂直运输效率低、设备布置难度大、流水施工协同差、安全保障程度低等问题；碧桂园研发的测量、喷涂、铺贴、布料、运输、清洁等建筑机器人，已在佛山市凤桐花园试点项目中应用，如喷涂机器人具备自动定位、BIM 导航、路径规划、自动避障等功能，工效是人工的 1.5 倍。大疆研发了土方量测量无人机，可一键采集地形信息，通过自主知识产权软件进行快速计算，效率是人工的 40 倍，可节省成本 20% 以上，已具备大规模推广的基础。但总体来看，国内尚处于探索阶段，在智能建造装备必需的元器件方面仍落后于国际先进水平，可编程逻辑控制器（PLC）、电子控制单元（ECU）、控制器局域网络（CAN）等技术均落后于发达国家。

2. 典型应用场景

目前，建筑机器人等智能建造装备典型应用场景主要包括机器人在工程测绘、墙板装配式施工、结构和装修工程、基坑工程、隧道施工等方面的应用。

1）在工程测绘中的应用场景

场景简介：以大疆航测无人机在土石方工程测量和施工现场管理中的应用为例，无人机一站式航测解决方案，实现了施工现场数据全流程自动化采集与查看。该项目通过在工地区域部署无人机值守机场，自动控制无人机在工地现场执行航线任务并采集数据，在上传至深圳市建筑工务署成果信息管理平台后自动开启模型重建任务，构建了高精度二维正射影像与三维实景模型。项目通过在线化的工程数据依托实景模型，实现了土方量快速计算与分析、工程进度动态查看与对比，可以无死角掌握项目现场信息，从而提升了项目进度精细化管理水平，提高了多方沟通效率，降低了项目建造成本。

应用成效：一是实现了无人机土方工程测量，相对于人工测量，标高点提取数量多 7 倍，方量准确度最高提高 15%，在投标阶段使用可有效提高施工成本预估准确性，在基坑施工阶段以此方量结果结算，相对于人工测量结算，平均节约 10% 的成本。二是进行形象进度管理，可节约乙方、监理方 20% 的人员，人员年费用节约 30 万元。通过节点安全文明施工检查，提前发现、排查多处施工隐患，预估节约工时 10 余天，停工成本约 20 万元 / 天。甲方通过平台可以实时查看施工进度，节约甲方管理人员 30% 的工时，人员费用节约 40 万元 / 年。

2）在墙板装配式施工中的应用场景

场景简介： 以中建科工集团有限公司研发的墙板安装机器人为例，该机器人具备视觉识别、距离、重力等感知能力，可实现墙板安装在抓取、举升、转动、行走、对位、挤浆等全过程的自动化。该机器人能够实时提取墙板所处的位置，通过内置算法，自动调整板材的位置，实现墙板的自动安装，可以解决装配式建筑围护墙板安装现场人工劳动强度大、效率低、安装风险大等问题，相比于人工安装，使用墙板安装机器人不仅可提升墙板安装的质量，保证施工安全，而且可以提高施工效率。

应用成效： 一是该机器人解决了人工安装 ALC 板存在工人劳动强度大、效率低、安装风险大、安装质量受人工主观意愿影响较大等问题，每个班组仅需 2 人即可完成墙板安装，大幅降低了人工费用和安装时间，安装及微调时间仅需 4 ～ 7 分钟，较人工缩短约 50%，预计节省人工费用至少 50%，即每平方米 ALC 板安装预计可节省约 30 元。二是可解决墙板安装过程中的安全问题，墙板用于外墙安装时，工人须到墙板外侧外架上进行辅助安装工作，存在较大的安全隐患，采用墙板安装机器人可在保证墙板安装质量、施工安全的同时，提高墙板安装的工时工效水平，具体提高幅度与所安装板材的长度、厚度等有关，经现场测算，提高水平可达 50% ～ 200%。

3）在结构和装修工程中的应用场景

场景简介： 以广东博智林机器人有限公司研发的建筑机器人为例，主要包括混凝土施工、混凝土修整、墙面装修、外墙施工和地坪施工 5 类 20 余款建筑机器人，涵盖主体结构、二次结构、室内装修、室外工程等环节。通过采用基于 BIM 技术的施工策划、智慧工地管控系统及自动计划排程系统，较好地发挥了机器人施工效率高、工序配合更紧密等高效作业优势，在提高施工效率、减少用工、减少环境污染等方面取得了一定成效。

应用成效： 一是混凝土施工类机器人借助激光水平仪作为高精度标高体系，满足了混凝土成型面的高质量要求，稍加打磨修整即可直接进行地砖薄贴和木地板铺设。二是混凝土修整类机器人解决了劳动强度大、粉尘和噪声污染严重等问题，效率是人工作业的 2 倍以上，粉尘量降低 10 倍以上、噪声降低 10dB 左右，打磨效果一致性好，墙体厚度极差与人工打磨比有明显改善。三是墙面装修类机器人根据规划路径可实现自动行驶，自动完成喷涂、涂敷和打磨作业，能长时间连续作业，提高了作业效率，降低了施工成本，其中腻子涂敷机器人单遍涂敷综合工效为 62 平方米 / 小时，单机 24 小时可施工 650 ～ 750 平方米，喷涂作业净工效约为 150 平方米 / 小时，并可实现单机 3 班 24 小时施工 2200 ～ 3200 平方米。四是外墙施工类机器人提高了施工效率，提高了涂装质量，降低了高空作业风险。五是地坪施工类机器人可实现金刚砂耐磨地面、密封固化剂地坪以及地坪漆涂敷施工，自带吸尘系统，减少了施工过程中的环境污染，其中使用地坪漆涂敷机器人，底漆用料比人工节省 28%，效率约为人工的 2 倍。

4）在基坑工程中的应用场景

场景简介：以上海建工集团股份有限公司研制的深层地下隐蔽结构探测机器人为例，该机器人具备对桩基、地下连续墙、重大管线等深层地下隐蔽结构安全的全自动化监测能力。针对深层地下隐蔽工程监测作业普遍存在的长距离、大体量、入地深、精度低、周边环境复杂等难点，该机器人可以便捷高效地完成地下隐蔽结构的安全信息数据获取，以便开展后续安全状态评估。该机器人通过螺旋驱动适应复杂管内空间，通过定位系统及姿态监测系统结合内置算法完成自动循迹，能够实现对地下连续墙施工测斜、地下深埋管线沉降的全自动化监测，可大幅降低监测人工作业强度，提高监测效率，从而提升整个工程项目的风险控制水平，确保施工安全质量及后期运维条件。

应用成效：一是解决了深层地下空间开发过程中隐蔽结构监测存在工人劳动强度大、监测效率低、数据采集不连续、数据分析不及时等问题，实现了地下隐蔽结构安全信息的高效便捷获取，数据采集率高达 95%，通过准确判断结构安全状态，能够很好地把握隐蔽结构施工质量和后期变形情况，降低施工风险。二是地下连续墙结构在整个基坑开挖过程中实施全自动测斜技术，实现了地下工程施工中地下连续墙水平位移的自动化、实时化、精准化反馈，为施工风险预测提供判定依据。三是采用地下深埋管线沉降全自动化监测技术，实现了对邻近管线受地下工程施工引起的变形的自动化无损实时监测，大大提升了该项目的风险控制水平。

5）在隧道施工中的应用场景

场景简介：以中建安装集团有限公司研发的地铁隧道打孔机器人为例，该机器人通过对不同孔径、不同高度、不同距离的安装孔以及不同形状的隧道等进行大数据采集、处理和分析，解决了打孔机器人在受限空间打孔无法有效定位、自动纠偏、数据处理、自动运行等关键技术难点。应用该机器人不仅可对打孔位置进行全自动打孔，而且可根据走行线路状态对线路几何尺寸进行实时记录和检测，实现安全运行和位置记录，将传统人工打孔变为数据化、信息化的智能作业，平均单孔用时小于 24 秒，提升了城市轨道交通建设中智能化打孔作业水平。

应用成效：地铁隧道打孔机器人解决了地铁施工过程中的打孔问题，综合先进检测、视觉跟踪与闭环控制技术实现钻孔作业的机械自动化。一是车载测量与标识系统能够自主快速、精确地标记孔位和孔姿。二是执行机构能够平稳、快速、准确抵达目标位置，可以考虑惯性、动载荷、传动间隙、弹性变形、摩擦等复杂因素的影响，解决目前智能化精准作业面临的机构优化难度大与高精度控制不稳定等方面的技术难题。徐州市城市轨道交通 3 号线建设项目通过应用该机器人，打孔效率与人工相比提升 6 ～ 10 倍，在人员成本、机械设备投入、能源等方面共节约 253.2 万元。

（五）建筑产业互联网关键技术研发推广情况

1. 技术发展情况

1）技术简介

建筑产业互联网是智能建造的"神经网络"，关键在于利用数据感知、传输、分析与智能决策等工程大数据相关技术，通过开放的网络把工地、工厂、工程设备、部品部件、供应商、施工人员、建设单位和使用者紧密地连接起来，高效共享各种要素资源，推动工程决策从经验驱动向数据驱动转变，从而提高生产力、提升企业竞争力、改善行业治理效率；其基础是将工程建设的业务流程和运行过程转化为计算机语言，也就是数字化；其核心是平台建设，主要包括行业级、企业级和项目级三个层级，三者融合发展就构成了一个立体的产业互联网平台。

由于工程大数据具有体量大、种类多、速度快、价值密度低等特征，建筑产业互联网的价值主要产生于分析过程，可以根据不同任务从海量数据中选择全部或部分数据进行分析，挖掘决策支持信息，除传统统计分析技术外，还需要人工智能的支持。其中，深度学习作为当前人工智能的重点方向之一，具有无需多余前提假设、能根据输入数据而自优化等优势，解决了早期神经网络过拟合、人为设计特征提取和训练困难等问题。深度学习利用海量数据提供的训练样本，在作业人员行为检测、危险环境识别等任务中获得广泛使用。深度学习的复杂性使得模型容易成为黑箱，因而无法评估模型的可解释性，而机理模型的优点在于其参数具有明确的物理意义。因此，构建数据和机理混合驱动的数据分析模型是工程大数据的核心技术，有助于从工程大数据中提炼具有实际物理意义的特征，提升计算实时性和模型适应性。

2）国外技术研发推广情况

国外发达国家针对大数据技术与产业应用已提出了一系列战略规划（表 3-1），如美国发布的《联邦数据战略和 2020 年行动计划》、澳大利亚发布的《数据战略（2018—2020）》等，但建筑产业互联网尚处于发展初期，部分企业借鉴工业互联网发展的模式和路径，建立了 Klarx、Bobtrade、Qualis Flow、Ogun 等平台。

典型国外建筑产业互联网情况介绍 表 3-1

序号	公司名称	地区	定位	发展情况
1	Klarx	德国慕尼黑	为客户提供租赁建筑装备服务的线上平台	成立于 2015 年，目前有超过 20 万台可供租赁的机器设备。客户仅通过简单的搜索，就可以在该平台上选择他们需要租赁的机器设备。该公司服务于澳大利亚建筑集团（Strabag）、博格（Max Bgl）和 德国铁路公司（Deutsche Bahn）等
2	Bobtrade	英国	为建造商和批发商提供买卖建材的线上平台	成立于 2016 年，致力于提供线上建筑供应链市场，目前该平台拥有超过 10 万件可出售的产品。该贸易平台可支持项目管理和采购，提供更好的价格和可获得性，可作为项目采购和管理的智慧工具
3	Qualis Flow	英国伦敦	为建筑工程项目提供基于云软件的环境风险监控和预测服务	成立于 2018 年，由前知名建筑工程师 Brittany Harris 和 Jade Cohen 联合创办，以降低环境对施工工程的影响为服务宗旨。该公司的云服务平台可以自动捕捉和分析数据，帮助承包商追踪、监控和预测项目中可能存在的环境风险，降低总体碳排放量；此外，还能够提供区域合规建议、自动生成报告以及决策优化等服务，可减少施工项目对周边社区的影响
4	Ogun	西班牙巴塞罗那	为建筑公司和其供应商提供项目管理数字化解决方案	成立于 2019 年，旨在为建筑公司和其供应商提供协同合作平台。一方面，建筑工地人员可利用该平台管理项目计划、建材和文件等，同时，为所有员工及供应商提供线上讨论工具；另一方面，供应商可利用该平台管理他们的目录、订单和物流。该平台促进了项目管理水平、供应商一体化和行业透明度的提高

3）国内技术研发推广情况

国内也发布了《国务院关于印发促进大数据发展行动纲要的通知》（国发〔2015〕50号）等一系列战略规划，但工程大数据技术的发展和应用仍处于初级阶段，主要体现在两方面：一是当前主流数据存储与处理产品大多为国外产品，如 HBase、MongoDB、Oracle NoSQL 等典型数据库产品以及 Storm、Spark 等流计算架构；二是工程大数据应用流程未能打通，数字采集未实现信息化、自动化，数据存储和分析也缺少标准化流程。

国内部分地区和企业正在积极建设建筑产业互联网平台，工程大数据已初步应用于劳务管理、物料采购管理、造价成本管理、机械设备管理等方面，但在应用深度和广度上均有不足。行业级平台聚焦于打通某一垂直细分领域上下游产业链，如中建集团基于工程集采的云筑网、树根互联的商品混凝土运输派单平台、中铁一局的工程机械在线租赁平台、"安心筑"建筑工人产业互联网平台等；企业级平台聚焦于企业对自身产业链的高效管理，如中建科技的智能建造平台、首开集团的智能建造平台等；项目级平台聚焦于依托 BIM 技术实现工程项目全流程信息化管理，如北京市轨道交通建设管理有限公司的城市轨道交通工程产业互联网平台。

2. 典型应用场景

目前，建筑产业互联网典型应用场景主要包括在装配式建筑、建材集中采购、工程机械租赁、建筑工人管理等方面的应用。

1）在装配式建筑中的应用场景

场景简介： 以"装建云"装配式建筑产业互联网平台为例，该平台利用大数据、人工智能、物联网等新一代信息技术建立了装配式建筑"6+6+6"体系，即 6 大行业管理类系统、6 大产业链企业类系统和 6 大数据库，能够为装配式建筑策划、设计、生产、施工、监理、运维等全产业链提供系统解决方案。6 大行业管理类系统包括统计信息系统、动态监测系统、质量追溯监督系统、政策模拟评估系统、培训考测系统和人力资源共享系统。6 大产业链企业类系统包括 SinoBIM 设计协同系统、混凝土构件生产管理系统、SinoBIM 项目管理系统、钢结构建筑智能建造系统、SinoBIM 装配化装修系统和一户一码社区服务系统。

应用成效： 一是有利于实现"一模到底"，做到同一模型全过程流转，适合建筑全生命周期线上数据同步线下流程的全过程打通及交互式应用。二是混凝土构件生产企业策划及制造时间节约 35%、在制品滞留数量减少 32%、多部门协同效率提升 65%、统计人员工作量减少 90%、无纸化办公降低耗材 80%、制造效率提高 22%，构件质量达标率达 99% 以上。三是为施工单位优化方案和设计交底提供便捷工具，有助于节约人工、机械费用等，如大连绿城诚园项目通过"装建云"应用，节约人工成本约 240 万元、机械费用约 200 万元，系统方案优化节省约 300 万元。

2）在建材集中采购中的应用场景

场景简介： 以"塔比星"数字化采购平台为例，该平台运用物联网、大数据、区块链和 AI 技术，提供从寻源、招标、采购、履约结算，到供应商管理的全流程标准化、线上化服务。在中建八局（上海）建设工程有限公司钢筋采购项目中，"塔比星"数字化采购平台通过连接中建八局（上海）建设工程有限公司、找钢网和第三方商贸企业的内部系统，打通了各方的数字鸿沟，实现了在线交易和多方高效协同。同时，借助平台真实交易数据及风控能力，第三方商贸企业提供了支付前置的赊销交易服务，帮助项目采购方降低了采购成本，解决了供应商回款难的问题。

应用成效：一是通过在真实交易场景中引入第三方商贸企业，帮助采购企业解决采购资金需求量大、采购成本高的问题，如中建八局（上海）建设工程有限公司从 2020 年 7 月到 2021 年 7 月在"塔比星"数字化采购平台累计发生了 1.32 亿元钢筋采购交易，降低了 330 万元采购成本。二是第三方商贸企业依靠真实交易数据建立企业数字征信体系，提供了支付前置模式，解决了供应商回款难的问题，如找钢网（供应商）通过"塔比星"数字化采购平台与中建八局（上海）建设工程有限公司开展交易，累计实现了 1.32 亿元的 T+1 销售回款，平均缩短账期近 60 天。三是平台将上下游系统通过 OpenAPI 接口进行集成，实现多参与方在线协同，提升了产业链协同效率。

3）在工程机械租赁中的应用场景

场景简介：以中铁一局"即时租赁"工程机械在线租赁平台为例，该平台依托"互联网 + 租赁"模式，为供需双方搭建起业务对接桥梁，由设备租赁模块、物联网智控服务模块、广告服务模块、操作手招聘模块、二手机交易模块、工业商城模块、融资租赁服务模块、保险服务模块、大数据信息服务模块等组成。从需求发布到报价响应再到供应商选取，平台采用自动匹配和信息推送的方式全程跟踪，使流程闭合，让供需双方享受一步到位的便捷服务。通过服务评价的不断累积，形成用户的信用评分，进一步优化设备租赁市场环境。

应用成效：一是优化租赁环节，提升实施效率。平台优化了传统线下设备租赁招标时的市场调查、招标发布、评标选定等中间环节，降低了劳动成本、提升了设备租赁实施效率，解决了供需对接困难、竞价机制不规范、租赁成本高等行业难题。二是增强比价竞争，降低租赁价格。平台结合限价和"背靠背"的报价响应模式，在扩大资源面的基础上进一步引入租赁业务的比价竞争，形成一个公平、公正、公开、良性竞争的租赁市场环境，有效降低了租赁价格。三是盘活闲置资源，提高设备利用率。"即时租赁"平台面向全社会、全行业寻找市场，不仅可盘活企业闲置设备，增加企业收益，而且节约了闲置设备的场地存放、维护保养、巡守看管等费用。从 2019 年 1 月 9 日上线运营至 2021 年 9 月 30 日，平台注册用户超 3.7 万家，发布 10 大类 340 种设备，成功交易超 1.9 万单，交易的设备数量为 6.2 万台套，成交总额超 101.25 亿元，已吸引 50 多家大型企业入驻使用。

4）在建筑工人管理中的应用场景

场景简介：以"安心筑"平台在建筑工人实名制管理中的应用为例，该平台以国密算法的区块链技术为核心支撑，重新定义建筑施工的用工标准和结算标准，为监管部门、建设单位、施工企业建立大数据共享和预警机制，实现了施工任务派发和工作量认定记录在线化、操作班组要约报价在线化、班组和工人管理在线化，有利于解决拖欠农民工工资这一社会民生问题，全面落实建筑工人实名制管理，同时对工程建设的质量、安全、成本、进度做到有效管控。

应用成效：一是项目建设单位能够有效监督施工进度、建设成本、工程质量，实现工程延期预警提示，提高项目管理效能。二是施工企业能够避免班组造假、虚报进场人数，与工人建立真实的合约关系，实现施工全流程管控和准确计量计价，防止包工头或班组扯皮和恶意讨薪，防止虚增工程量、增加工程成本。三是班组长可通过线上管理流程，对合约工和临时工进行线上管理，提升管理效率，线上派工、记工方便不费时。四是工人们使用"安心筑"平台以后，每个月都能足额拿到工钱，自己和家人的生活都有了保障。如在成都市麓湖生态城 C20 组团项目的应用中，累计注册工人 2594 人，累计向班组下发施工任务单 1179 条，完成劳务总产值 3713 万元，完成工人总产值 3240 万元，向工人发薪 1626 万元，未发生一例欠薪纠纷事件。

（六）智慧监管关键技术研发推广情况

1. 技术发展情况

智慧监管是指采用数字化和智能化技术，实现对工程招标投标、审批报建、施工许可、施工图审查、工程质量安全监管、信用体系建设等事项的规范化、精准化、智能化监管。推动智慧监管是加强数字政府建设、深化"放管服"改革的必然要求，主要有三方面的重要作用：一是提升监管效率和行政执行力。通过应用可视设备、物联网设备和互联网交易平台采集施工现场及市场交易数据，运用人工智能和大数据等技术形成监管依据，将"现场"执法检查的结果实时反馈给"市场"监管和"交易"监管，完善"市场"管理，构建"市场＋现场"两场闭合联动机制，强化市场与现场的实时管理，达到"零时间决策、零距离指挥"的监管效果。二是提升决策水平和协调能力。以数据驱动来提升工程争议追溯、工程调解论证、工程事故调查、工程资源撮合等行业协调能力，通过大数据和人工智能技术，支撑科学决策，提升决策能力。三是推进监管模式创新。行业监管部门的各类监管系统及服务系统将走向一体化、平台化、网络化，促进了实现规范化、精准化、智能化的行业监管模式创新，提升了基于大数据的行业治理水平和服务能力。

智慧监管的关键技术主要包括数据采集、数据传输、数据存储、数据分析、数据可视化和数据安全等技术。

一是数据采集技术。现场数据监测主要采用物联网技术，现场监测只采集部分重要参数的数据,例如大型复杂重点工程的深基坑变形数据。非现场监测数据主要包括施工执法人员在现场采集的人员图像数据或检查结果数据。

二是数据传输技术。数据传输技术是将采集到的数据传输到服务器上的数据库中,包括宽带传输、4G 网络、5G 网络等。大多数情况下,宽带传输和 4G 网络能够满足实际需求,但在 BIM 投标等现场数据传输量较大时的情况下,5G 网络的优势较为明显。

三是数据存储技术。主要包括数据库技术、数据仓库技术以及大数据技术,目前智慧监管覆盖的业务范围相对有限,采用数据库技术就可基本满足需求。但随着多系统的集成应用,数据仓库技术和大数据技术将得到广泛应用。

四是数据分析技术。目前大多采用的是描述性统计分析技术,例如,求和、求平均值、比较、求回归方程等,属于浅层次的分析。关联分析法、聚类分析法、决策树分析法、人工神经元网络等探索性数据分析技术可以从数据中发现规律,有助于提高监管效率,是下一步重点应用的技术。

五是数据可视化技术。主要体现为使用排列图、因果图、直方图等形式对分析结果进行显示,通过二维图纸和三维模型显示设计结果,采用 BIM 轻量化技术实现在手持终端等配置相对低的终端上快速显示 BIM 模型,并对其进行交互式操作。

六是数据安全技术。主要包括防火墙技术、数据加密技术、区块链技术等。

2. 典型应用场景

目前,智慧监管典型应用场景主要包括智能化技术在工程审批报建登记、施工图审查和竣工验收、工程质量安全监管、预制构件质量管理等方面的应用。

1)在工程审批报建登记中的应用场景

场景简介:以工程建设项目三维电子报建平台在北京城市副中心的应用为例,该平台在"多规合一"的基础上,开发了规划审查、工程项目审批、施工图审查、竣工验收备案、不动产登记等功能,对接北京城市副中心现有信息化系统,促进了工程建设项目规划、设计、建设、管理、运营全周期一体联动,探索构建了全域全空间、全链条、全生命周期的"规建管一体化"体系。平台不仅适用于政府管理部门的建设规划审查审批过程,也适用于设计院审图专家的校审过程和设计过程中的自查自校。二三维兼容的审查平台,可以提升校审效率和设计质量:二维设计场景中,支持在线批注校审和留档;三维 BIM 设计场景中,支持 BIM 模型智能审查、自动比对和批注,包括规划指标审查、消防审查等专题。

应用成效:一是审查智能高效,提升了电子报建审查效率,审查系统涵盖建设工程审查核心要素 205 项,实现了对方案审查、模型完整性、模型图纸一致性等关键工作和既有规范进行自动的、定量化的校审，从报建到发证，最快只需 3 个工作日就可全部完成。二是在统一数据标准、交付标准和格式的基础上，围绕"规建管一体化"，落实 BIM 模型从规划报建向施工图审查、竣工验收、运维的全流程管理，实现部门之间、系统之间 BIM 模型数据无缝无损流转和共享。三是采用国际通用 BIM 数据标准（IFC）+ 自主格式，在实现数据模型自主可控的同时，也为未来国产设计端预留了接口。

2）在施工图审查和竣工验收中的应用场景

场景简介：以南京市 BIM 审查和竣工验收备案系统为例，该系统为建筑信息模型技术在工程建设项目规、建、管全流程和全周期的一体化应用平台。系统以工程项目审批制度改革为引领，将 BIM 技术应用到施工图审查业务，实现施工图审查从二维平面向三维立体模型的技术跨越和改革转型，提高审图效率，全面提升项目施工图审查数字化、信息化和智能化水平。系统通过将施工图模型应用在施工阶段，创新施工过程监管手段，探索工程建设项目全过程一体化管理。

应用成效：一是施工图 BIM 智能审查提升了设计审查效率及质量，实现了室外管综 BIM 审查，提供了三维可视化审查、自动审查、规范检索、批注管理、二三维联动等功能。以结构审查为例，BIM 智能审查发现的问题数量是人工审查的 10 倍多，审查效率比人工审查快 10 倍多。二是围绕建设项目"规建管一体化"实现施工过程监管，实现部门之间、系统之间 BIM 模型数据无缝无损流转和共享、集成与衔接，便于提升项目"规建管"全生命周期管理水平。三是配套 BIM 技术导则规范模型生产及审查过程，建立统一的 BIM 数据交换格式，深化拓展建立 BIM 施工图审查相关的标准体系，在审查技术参数、BIM 模型交付形式和内容、BIM 模型交付数据格式等方面进行标准化管理。

3）在工程质量安全监管中的应用场景

场景简介：以成都市智慧工地平台为例，平台主要通过布置在施工现场的监测设备，如视频监控、扬尘监控、塔式起重机监控、实名制考勤、运渣车监控、基坑监测、地基检测等设备，采集现场业务数据，清洗、校验和存储后，根据指标进行数据建模，实现现场各数据的统计查询及深入挖掘。根据处理结果，系统锁定施工现场质量、安全隐患，并提示预警。预警信息直接通知施工现场相关负责人，责令限时整改或信用扣分。主管部门对责任主体整改的情况进行监督检查或抽查，进一步规范施工现场行为，确保监管落地，措施见效。

应用成效：一是通过 2019 年和 2020 年的数据对比，平台上线后施工质量有所提升，安全事故量同比下降 30%。二是初步形成无感监管、无处不在、无事不扰的监管模式，目前平台已接入 3800 多个工程项目，实现全市项目的全覆盖。三是通过多维数据汇集，已实现 2 起重大事故的线上调度。四是初步形成全覆盖、无死角、快处置模式，2020 年全年发现安全问题 5590 起、文明施工问题 1425 起。五是通过智慧管理，政府提高了监管效率，企业降低了管理成本，以成都市住房和城乡建设局为例，平台上线后每年可节约监管人员跑现场的直接和间接成本 300 万元以上，因安全事故下降避免的经济损失达 1000 万元以上。

4）在预制构件质量管理中的应用场景

场景简介： 以上海市预制构件信息化质量管理保障平台为例，该平台通过采集分析行业数据，结合大数据分析研判，摸索监管新思路，对预制构件产品实现了"过程可视、质量可控、产品可追溯""风险提前预警，问题及时处置""均衡产能供给，补齐技术短板"。平台按用户性质不同可分为监管端和生产端，生产端主要服务生产企业，通过对接"生产管理系统软件"，导入生产过程、质量追溯、交付过程等方面的数据，是监管端的数据采集源头；监管端主要服务行业监管部门，包括产品质量管理、产品追溯管理、专项技术培训管理等服务模块，重点对行业内产品的全生命周期质量数据形成追溯体系。

应用成效： 一是质量数据数字化，对关键质量数据进行全链条透明，形成有效质量监管。上海市工程建设质量管理协会利用"上海市预制构件信息化质量管理保障平台"实现对 141 家构件生产备案企业的全面监管，改变协会传统监管模式下的数据采集难、质量追溯难等问题，提高了行业信息化管理水平，平台监管涉及装配式工程项目 800 余项，构件数量达到 240 万个，约 165 万立方米，并通过平台生成电子质保书 25 万余张，构件产品和工程质量得到有效保障。二是技术工人培训可控化，对行业内的从业人员进行全覆盖性培训，形成质量源头可控。在平台内已开设 200 余次课程，培训 1 万余名装配式产业工人，颁发 7000 多张培训合格证书。三是产能供给均衡化，线上完成产品类型与生产线类型的自动匹配，形成效率与质量的兼顾。四是生产数据可视化，通过芯片等技术手段，将生产数据伴随产品全生命周期，形成质量追溯性，截至 2021 年 3 月，上海住总住博建筑科技有限公司利用平台生产端管理系统已实现 22 万立方米预制构件产品的生产管理，整个生产过程实现无纸化办公，各个质量控制点的数据可结构化存储和分析，在自动排产、资料整理、出库装车、数据统计等方面提升了生产管理效率。

四、智能建造典型工程项目实施情况

（一）深圳市长圳公共住房及其附属工程项目

1. 项目简介

深圳市长圳公共住房及其附属工程项目（以下简称长圳项目）位于深圳市光明区凤凰城，项目总用地面积为 17.7 万平方米，总建筑面积约为 116 万平方米，包括 24 栋高层塔楼、4 层商业裙房及配套、3 座 18 班幼儿园及两层地下车库（局部一层），建成后提供9672 套公共住房（图 4-1、图 4-2）。

图 4-1　项目效果图　　　　　　　　　图 4-2　项目实拍鸟瞰图

2. 试点内容

1）数字化设计情况

（1）数字化设计指南库和部品构件库

长圳项目在设计环节，结合装配式建筑设计特点建立数字化设计指南库（图4-3、图4-4），研发以 BIM 轻量化模型为载体的标准化部品构件库，与企业级、项目级的部品构件实现匹配对应关系。通过构建标准化部品构件库以及设计指南库，建立以单一构件为最小管理单元完成项目由构件 – 标准层 – 塔楼 – 社区的全链条数据组合形式。实现设计成果数字化、云端化，并以此为数据载体贯穿于采购、生产、施工、运维各阶段。

图4-3　设计指南库

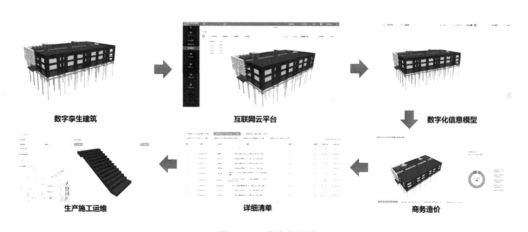

图4-4　数字化设计

（2）各专业标准化协同设计建模

长圳项目运用标准化设计体系，对建筑、结构、机电和给水排水等专业进行协同建模

（图 4-5～图 4-8），遵循"少规格、多组合"的原则，提高了建筑基本单元、构件、部品等的标准化、系列化水平；并对管线综合排布质量与效果进行可视化审查，提高了管线综合图审查效率和图纸审批效率。

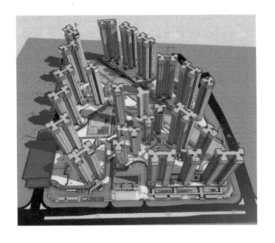

图 4-5　基于 BIM 的施工场地布置　　　　图 4-6　BIM 技术辅助方案编制

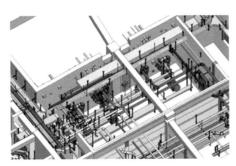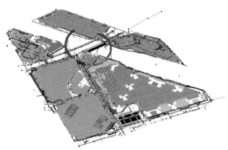

图 4-7　BIM 技术辅助管线综合模拟　　　　图 4-8　BIM 首层室外管线综合模拟

（3）BIM 全过程模拟预演

长圳项目在设计阶段实现了生产阶段、施工阶段、运维阶段各参与方的需求与要求前置，即在设计阶段就可以进行全过程的模拟预演，在生产、施工、运维阶段通过 BIM 信息化模型实现信息交互，以及"全员、全专业、全过程"的三全 BIM 信息化应用（图 4-9～图 4-11）。

（4）BIM 造价管理

在长圳项目投标阶段，根据各专业高效协同完成的全专业 BIM 模型，对 BIM 轻量化模型进行数据提取和数据加工，通过 BIM 正向设计，自动生成 4 万页工程量及造价清单，算量准确率超过 99.5%，有效节约了人工成本，提高了工作效率（图 4-12）。在项目投标截止时间仅剩 1 个月的情况下，完成了长圳项目的投标工作，对最终的报价起了决定性作用。

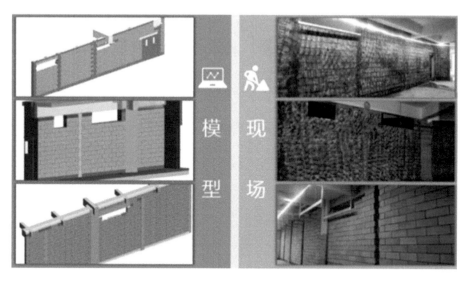

图 4-9　BIM 技术辅助排砖深化

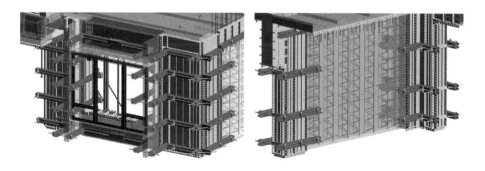

图 4-10　BIM 技术辅助模拟铝模加固

图 4-11　BIM 技术辅助吊装模拟

图 4-12　BIM 造价管理

2）智能生产、智能施工应用情况

（1）自动生产线及工业化机器人

在构件生产阶段，长圳项目利用 BIM 信息实现工厂自动化生产线及工业化机器人智能化生产，并通过应用工厂的生产管理系统，对构件生产状况进行实时统计及管控，实现了预制构件从设计、排产、品控、物流、验收全过程质量可追溯（图 4-13～图 4-17）。

（2）构件全生命周期追溯

在施工阶段，长圳项目应用智能建造平台实现了构件全生命周期追溯。构件追溯服务以 BIM 轻量化模型为数据载体，利用移动端 APP 对构件的不同阶段进行扫码，记录了构件从设计、生产、验收到吊装的建筑全生命周期的信息，实现了对构件全生命周期的追溯（图 4-18）。基于构件全生命周期追溯数据，在云端建立以实际建造数据为基础的数字孪

图 4-13　构件自动化生产

图 4-14　双皮墙自动化生产线

图 4-15　叠合板自动化生产线

图 4-16　自动化集成生产线

图 4-17　自动绑扎机器人

BIM 线上轻量化　　　工厂读取信息加工构件　　构件出场前二维码铺贴　　　构件吊装

线下 BIM 数字设计　构件设计信息无损上传平台　智能建造　　构件进场、安装、验收扫码　　模型闭合

图 4-18　预制构件全生命周期追溯

生建筑。长圳项目全过程追溯装配式建筑预制构件达万余个，建立模拟施工进度的三维模型达二十余个。

（3）智能视频监控服务

在施工阶段，长圳项目应用智能建造平台提供的智能视频监控服务，结合 AI 自主学习技术和机器视觉技术，捕获现场工人动作和穿戴图像，对现场工人不安全行为进行实时识别和预警，从而规范现场工人的作业行为（图 4-19）。智能视频监控系统在长圳项目部署应用期间，智能视频监控设备采集到的异常图像在云端进行留档记录，共采集到的安全隐患问题图像达 4 万余张，AI 图像识别准确率达到 95% 以上。

图 4-19　智能视频监控服务

（4）无人机自动巡检

在施工阶段，长圳项目应用无人机自动巡检和建模服务定期进行施工建筑形象进度模拟。无人机自动巡检和建模可以根据现场拍摄需求，自动智能规划飞行航线，执行航拍任务，并依照预设的飞行轨迹，完成全自动巡航飞行及图像采集。应用智能建造平台，根据飞行拍摄的图片及影像，通过边界重叠算法生成现场三维模型，直观地反映了现场情况和施工进度（图 4-20）。

（5）智能安全生产管理

在施工阶段，长圳项目应用 CPAD（中国广播影视网推荐目录）管理方式进行安全生产管理，通过移动端 APP 即时记录安全隐患问题，通过智能建造平台进行数据的收集、整理及分析统计，对过期未整改、待整改、待验收等问题做出及时预警提示，从而督促安全隐患整改进程，提高项目整体质量（图 4-21）。

（6）数字化运维管理

在交付阶段，长圳项目运用全景虚拟现实技术和物联网技术，提供智联空间云端服务，为建筑的交付及运维增值。以建造管理全过程的核心数据为基础，结合 VR 技术研发数字孪生竣工模型，实现数字化运维管理。基于包含建筑多维度的智造体系 BIM 数据模型，可视化项目整体机电管线、强弱电设备布置信息，提供建造接驳节点、隐蔽施工等关

图 4-20 无人机自动巡检与建模

图 4-21 安全生产管理

键位置的施工信息，提供户型电子说明书（图4-22）。整合设计、采购、生产、施工、运维数据，形成建筑建造全生命周期数据池，100%工程信息记录，100%管理行为留痕，打造以工程项目为主体的数据资产，为城市提供各工程项目全过程数据信息，为智慧城市提供基础数据支撑。

图4-22　户型电子说明书

3）建筑产业互联网平台应用情况

依托中建科技在装配式建筑领域多年研究、实践和创新所积累的经验，以及REMPC（科技、设计、制造、采购、施工）五位一体的新型工程总承包模式的优势，中建科技研发了拥有自主知识产权的装配式建筑智能建造平台并在长圳项目中全面应用（图4-23）。

智能建造平台全面配合装配式建筑产品体系研发、设计、采购、生产、施工、运维中的应用点和标准流程，打破了传统建造模式产业链中条块分割的信息化壁垒，整合传统建造模式产业链中各板块间的离散数据，融合设计、生产、施工、管理和控制等要素，通过工业化、信息化、数字化和智慧化的集成建造和数据互通，辅助项目管理以及管理决策，实现了项目管理的全生命周期数据贯穿。

智能建造平台将建筑工业化作为系统工程，从整体考虑，围绕设计、生产、施工一体化，建筑、结构、机电、内装一体化和技术、管理、产业一体化集成建造的需要，系统性集成BIM、互联网、物联网、大数据、人工智能、VR等技术；强调建筑设计工业化、标准化思维，推行以标准化设计为主导的设计、采购、生产、施工、运维工程总承包管理模式；将设计成果数字化、云端化，并以此为数据载体，纵向打通设计、采购、生产、施

图 4-23　智能建造平台

工、运维各阶段，实现设计数据直接指导项目招标采购、工厂生产、现场施工和建筑运维；即时回逆各阶段数据并实现跨阶段的交互式数据赋能应用，系统性集成到云端中，在云端建立以实际建造数据为基础的数字孪生建筑，建筑建造数据实时增长，实现虚拟数字建造与实际建筑建造虚实结合，最终形成数字孪生数据资产。彻底破除制约建筑工业化转型的"碎片化元素"与"系统性产业"的主要矛盾关系。

4）建筑机器人等智能建造装备研发应用情况

（1）智能钢筋绑扎机器人

在构件生产阶段，长圳项目应用自主研发的智能钢筋绑扎机器人进行飘窗钢筋网笼生产（图 4-24）。智能钢筋绑扎机器人采用世界先进的工业六轴机器人为主体，融合智能分析感知系统、人机视觉技术、智能控制技术、机器人技术等高新技术手段，搭配全自主研发的末端执行器、工装夹具及核心软件算法平台。机械臂末端装有工业级 3D 视觉传感器，搭配领先的智能钢筋节点识别算法和智能控制技术，以便精准地进行钢筋笼

图 4-24　智能钢筋绑扎机器人

识别和钢筋定位，进行智能化的钢筋绑扎；配合自主研发的末端执行机构及核心软件算法平台，通过更换程序参数和末端执行器，可实现钢筋的自动夹取与结构搭建、钢筋视觉识别追踪与定位、钢筋节点的绑扎等智能化工作，以机器替代人工实现了钢筋绑扎的自动化加工。

为远程管理终端多台机器人多机多态协同作业，将智能钢筋绑扎机器人与自主研发的智能建造平台进行对接，使钢筋网笼生产状况可以被实时监测，使自动化生产线在加工过程中始终处于监控状态，从而提高了生产效率、生产质量和人身安全。智能钢筋绑扎机器人主要用于 PC 构件中的飘窗钢筋网笼生产，可大量节约建筑工业化部品生产过程及施工过程中的劳动力成本，提高了钢筋绑扎的生产效率和产品质量，提升了安全生产水平，降低了事故率。

（2）质量检测机器人

在项目验收阶段，长圳项目应用自主研发的建筑施工过程质量检测机器人进行质量检测。建筑施工过程质量检测机器人即点云扫描机器人（图 4-25），主要由小型履带式移动

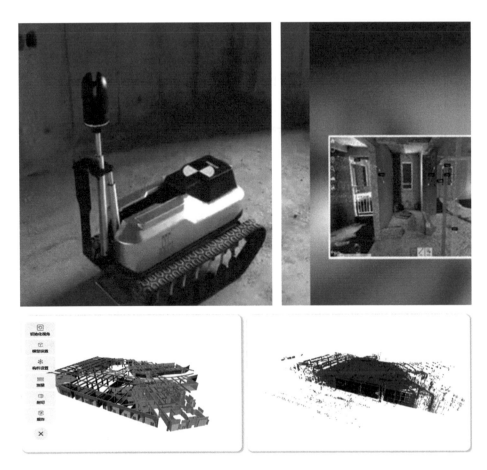

图 4-25　点云扫描机器人及点云扫描结果

底盘和点云扫描仪组成。履带式移动底盘可满足高密度负载、建筑空间感知、适应复杂地面、多配件搭载等需求，满足工厂和工地的多场景化应用，点云扫描机器人可实现在没有GPS与网络信号的室内环境下的自主定位与导航，自动规划路径到达需要检测的区域，扫描区域外观尺寸。点云扫描机器人通过智能化点云算法，可以快速且准确地计算出房屋的各项指标，还原现场施工情况，测量墙面、柱面的平整度和垂直度。点云扫描机器人通过将点云扫描技术与智能巡检载具相配合，利用三维点云扫描技术具有高精度和高效率的特点及优势，对复杂的工地环境进行全方位扫描，生成点云模型，并与BIM轻量化模型进行比对。现场质量检测自动化设备数据自动对接至智能建造平台，结合设计信息，生成施工偏差报告，为建筑施工质量报告提供数据依据。

3. 试点成效

1）经济效益

通过中建科技集团有限公司智慧建造体系的应用，长圳项目预计累计节约6891万元。其中在设计协同化管理方面，在建筑、结构、机电、装修等领域，通过减少"错、漏、碰、缺"情况，节省约1087万元；在招标采购方面，商务智慧化自动生成工程量清单，减少了人工投入及资源投入，总计节省约64万元；项目大量采用预制构件，在构件生产加工上采用机器人及自动化生产线进行钢筋绑扎及混凝土浇筑，缩短了构件生产周期，大大减少了人工投入，预计节省约420万元；在施工管理方面，通过采用智慧化的管理手段减少了施工作业人员及管理人员的投入，大幅提高了人均产值，节省人工投入成本约1525万元，项目高装配率的施工生产大大加快了施工作业速度，预计节约工期约62天，通过工期换算节省人材机直接费、管理费等其他间接费约3685万元；在智慧信息化系统的使用上，项目通过无纸化办公带来的资源节约获得直接经济收益预计约为60万元，软件费用节约获得直接经济收益预计约为50万元。

2）社会效益

长圳项目运用信息化手段，促进装配式建筑全链条、全流程、全方位的系统性集成建造，以一体化管理理念为指导，以EPC管理痛点为需求，以BIM模型及数据链为核心，结合BIM、互联网、物联网、大数据、人工智能、数字孪生、云计算等技术，在管理模式、应用模式、系统性集成等多个领域进行了行业创新。长圳项目从前期策划、组织架构、应用流程、人员配置、网络和软硬件配置、技术标准等方面形成了装配式建筑标准化应用方案，积极探索内涵式、集约式高质量发展新路，促进建筑业转型升级，改善生产方式粗放、劳动效率不高、能源资源消耗较大、科技创新能力不足等问题。

3）环境效益

长圳项目在建造过程中减少了混凝土现浇量，因此工地现场的养护用水、冲洗用水明显减少，而预制工厂中的养护用水和冲洗用水可以循环利用，节水效果明显；项目预制构件为工厂制作，可有效提高构件品质，构件的高品质反推现场施工的质量提升，例如叠合剪力墙体系的装配式建筑，其施工工艺特点提升了现场连接节点质量，真正意义上实现了保温一体化、防水一体化，延长了建筑物的使用寿命，进而减少了房屋的建设量，大幅降低了能源消耗与环境污染。

（二）佛山市顺德凤桐花园项目

1. 项目简介

佛山市顺德凤桐花园项目总用地面积为 41966 平方米，总建筑面积为 137617 平方米，共 8 栋高层住宅，楼高 17 ～ 32 层，最大建筑高度为 98.35 米，分两期建设，其中住宅建筑面积约为 10.4 万平方米（图 4-26）。

图 4-26 凤桐花园规划效果图

2. 试点内容

1）建筑机器人应用情况

建筑机器人从 2020 年 4 月开始参与项目建设，共有 20 款机器人分别应用于主体结构施工、地下室施工、室内装修施工和施工过程，有效发挥了减轻建筑施工劳动强度、降低施工风险、提高施工效率及施工质量等作用（图 4-27、图 4-28）。

（1）主体结构施工机器人

智能随动式布料机（图 4-29）主要用于各栋基础底板、结构楼面混凝土浇筑，相比传统布料方式，智能随动式布料机仅需一人操控出料口，混凝土浇筑均匀，加快了施工速度，降低了人工劳动强度，减少了劳动量。

图 4-27　建筑机器人交付及现场应用

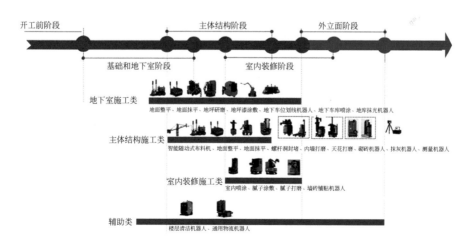

图 4-28　凤桐花园项目应用的建筑机器人

图 4-29　智能随动式布料机浇筑混凝土

整平机器人（图 4-30）针对建筑地面混凝土浇筑后的高精度整平，凭借基于自主开发的 GNSS 导航系统，能够自动设定整平规划路径，实现了混凝土地面的全自动无人化整平施工。

抹平机器人（图 4-31）主要应用于混凝土地面施工的提浆、压实和收面工序。相比传统的地面抹平施工工法，该产品能够进行高精度地面抹平，可大幅度提升工作效率和地面抹平效果。

整平机器人和抹平机器人组合，相比传统施工方式效率提升 30% 以上，并有效降低了人工劳动强度。

图 4-30　整平机器人

图 4-31　抹平机器人

螺杆洞封堵机器人（图 4-32）主要用于铝模板拆除后对螺杆洞进行封堵。在 1 号楼 14 ～ 20 层、3 号楼 12 ～ 18 层、4 号楼 12 ～ 19 层、5 号楼 5 ～ 12 层得到应用，已完成

35097 个螺杆洞的封堵施工，整体合格率≥90%，具有施工效率高、封堵密实、质量一致性好的特点。

混凝土天花打磨机器人（图 4-33）主要用于天花缺陷区域的精确打磨，具备自动打磨、吸尘功能，避免了粉尘污染对人体的伤害，在 1 号楼 11～17 层、3 号楼 9～18 层、4 号楼 6～19 层、5 号楼 5～22 层、8 号楼 7～8 层得到应用，能提高天花平整度，极差在 2 毫米以内，溢浆和毛刺打磨完全，拼缝高低差和整体观感满足质量验收标准。

内墙打磨机器人（图 4-34）主要用于室内墙面的精准定量打磨，已在凤桐花园 1 号楼 11～17 层、3 号楼 10～18 层、4 号楼 6～19 层、5 号楼 5～20 层得到应用，可为装修施工提供良好的作业基面，作业中可实现粉尘自动回收，降低粉尘污染，改善施工环境。

图 4-32　螺杆洞封堵机器人　　　图 4-33　混凝土天花打磨机器人　　　图 4-34　内墙打磨机器人

砌砖机器人（图 4-35）主要用于二次结构砌体施工，实现高精度砌块的自动砌筑，已在凤桐花园 4 号楼 15 层、3 号楼 18 层得到应用，可有效替代人工，降低劳动强度。

抹灰机器人（图 4-36）主要用于高精度砌块的内墙面抹灰，已在凤桐花园 3 号楼、4 号楼得到应用，具有高覆盖、空鼓开裂率极低、整体成型质量好等特点，可有效替代部分人工。

图 4-35　砌砖机器人　　　　　　　图 4-36　抹灰机器人

（2）地下室施工机器人

地库抹光机器人（图 4-37）主要用于地下车库混凝土地面的全自动无人化抹光抹压施工，通过智能运动控制算法，能够自动设定抹光抹压路径，已应用于凤桐花园 6 号楼、7 号楼、展示区、地库顶板。

地库喷涂机器人（图 4-38）主要用于地下车库墙面喷涂、立柱和天花等建筑毛坯表面的腻子及乳胶漆自动喷涂，可精确控制喷涂作业面，施工质量好、材料损耗低，可减少油漆、粉尘对人体的伤害，已应用于凤桐花园 2 号楼地下室。

图 4-37　地库抹光机器人　　　　　　　图 4-38　地库喷涂机器人

地坪研磨机器人（图 4-39）主要用于地下室车库混凝土地面打磨，包括原浆收光、金刚砂耐磨地面等，通过自主定位和导航，可灵活地绕开柱子和现场工人，确保设备在复杂的地下车库环境中自主实施全自动研磨，打磨中产生的灰尘也由机器人自带的吸尘系统收集起来，降低粉尘对人体的伤害。

地坪漆涂敷机器人（图 4-40）主要通过激光雷达与 BIM 结合进行导航路径规划，全自动完成地下车库环氧地坪漆的底漆、中涂漆及面漆的涂敷，已完成凤桐花园 2 号楼地下室施工，可减少施工者职业病危害。

地库车位划线机器人（图 4-41）主要用于车库车位框线、车道中线的划线，同时具备定位器安装打孔功能，已应用于凤桐花园 7 号楼地下室。

（3）室内装修类机器人

腻子涂敷机器人（图 4-42）主要用于建筑内墙和天花板腻子涂敷，可有效解决喷涂厚度不均匀以及平面度差的问题，已在 8 号楼样板间试用。

腻子打磨机器人（图 4-43）主要用于建筑内墙和天花板腻子打磨，已在 8 号楼样板间试用，能自动打磨、吸尘，可避免粉尘对人体的伤害。

图 4-39　地坪研磨机器人　　　　图 4-40　地坪漆涂敷机器人

图 4-41　地库车位划线机器人

图 4-42　腻子涂敷机器人　　　　图 4-43　腻子打磨机器人

墙砖铺贴机器人（图4-44）主要用于传统住宅厨房、卫生间、电梯前室及部分公区墙面瓷砖的全自动铺贴，自主开发的机械臂能够精准地实现抓取地砖和放置地砖，保证地砖平整度达0.5毫米、地砖间缝隙为2毫米，已在8号楼样板间试用。

室内喷涂机器人（图4-45）主要用于室内墙面乳胶漆自动喷涂，已在8号楼样板间试用。现阶段能长时间连续作业，安全稳定，质量验收合格；涂饰均匀，无流坠透底现象，能减少油漆粉尘对人体的伤害。

图4-44 墙砖铺贴机器人 　　　　　　　　图4-45 室内喷涂机器人

（4）辅助类机器人

测量机器人（图4-46）通过模拟人工测量规则，使用虚拟靠尺、角尺完成实测实量工艺，包括墙面平整度、垂直度、方正性、阴阳角、天花水平度、地面水平度、天花平整度、地面平整度、开间进深与极差等，已应用于凤桐花园3号楼、8号楼、5号楼、N-4楼板板面，测量功能覆盖项目较高，测量结果数据稳定，能有效替代人工作业，2～3分钟即可完成单个房间实测。

通用物流机器人主要用于工地机器人所需物料及人工施工所需物料的搬运，最大载重能达到450kg，已应用于展示区通道物料的搬运，有效减少了人工投入，降低了人工劳动强度。

楼层清洁机器人（图4-47）具备自动停障、自动清扫、自动垃圾收集、自动导航、自动吸尘等功能，已在人工通道、文明施工区域、8号楼主体以及7号楼地下室得到应用。

2）数字化建造系统

凤桐花园项目通过BIM数字化建造系统应用（图4-48），结合物联网、云计算、大数据技术，采用无人机、BIM集成设计优化、BIM协同平台等7大类产品应用，把建设一栋

图4-46 测量机器人

图4-47 楼层清洁机器人

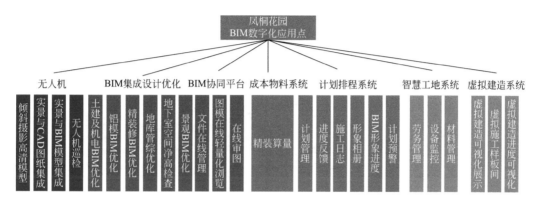

图4-48 凤桐花园项目 BIM 数字化建造系统

楼的每一道工序细化拆分，实现了建筑工程项目全生命周期的智能化和信息化、建造方案的可视化、项目管理的数字化，提高了建造过程的安全性以及建筑的经济性、可靠性。

（1）无人机

无人机倾斜摄影可通过采集现场及周边环境现状信息生成实景模型，用于坐标查询，尺寸、面积、体积的测量，为设计提供准确数据，为项目选址提供依据，为建筑设计方案分析、优化、决策提供相关信息。通过与 BIM 集成应用，可辅助建设工程场地勘察、安全管理、进度管理、质量管理、竣工验收、园区巡检等（图4-49、图4-50）。

（2）BIM 集成设计优化

由专业 BIM 团队建立建筑、结构、水、暖、电、装修、市政景观、装配式、铝模、爬架、门窗幕墙等 BIM 模型，整合各专业模型进行综合分析，通过三维可视化技术对各专业模型进行三维核查，形成项目 BIM 校核报告，完成问题销项及项目后评估工作。通过 BIM 设计优化，提前发现设计存在的问题，提升图纸的完成度，有利于快速通过图纸

图 4-49 实景模型与场布 BIM 模型结合进行临建布置 + 施工模拟

图 4-50 实景模型用于进度巡检

审查，避免了因图纸问题导致的报建报规退回和施工证延期；减少设计变更发生，更好地控制工程总造价。项目应用 BIM 集成设计，共优化各专业图纸问题 883 条，输出报告 40份，节省成本近 350 万元。同时，铝模深化、爬架深化及门窗深化的效率及质量都得到了大幅提升，进而提升了项目整体品质（图 4-51）。

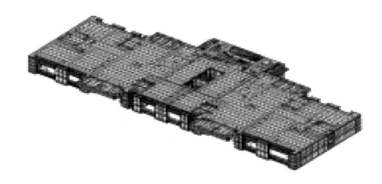

图 4-51 凤桐项目 BIM 集成设计应用成果

（3）BIM 协同平台

BIM 协同平台为项目提供了一套完整的 BIM 模型和图纸上传、在线协同、成果下发的一体化解决方案，有利于跟踪和管理设计任务、保障设计质量、提升多方协作效率。项目将设计图纸、BIM 模型上传到 BIM 协同平台，达到管理统一、文件统一上传、版本受控、协作过程留痕的要求。区域设管的工程人员在线轻量化浏览图纸、BIM 模型，进行在线图纸审核、模型审核、问题标注、图纸问题沟通等，通过在线浏览模型，可直观地检测到各专业碰撞的问题，同步标注问题，并与区域设管的工程人员以及设计单位在线沟通问题销项，达到各专业间问题协同，提高了沟通效率（图 4-52、图 4-53）。

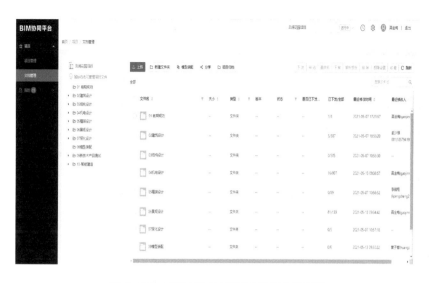

图 4-52　应用 BIM 协同平台进行文档管理

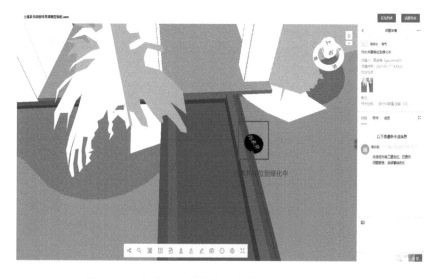

图 4-53　应用 BIM 协同平台在线沟通问题、协同审图

（4）成本物料系统

成本物料系统基于 BIM 模型提供的构件相关信息，结合成本清单模板库和内嵌的计算规则库，实现成本清单一键算量（图 4-54），以及结合施工计划排程系统，自动生成材料计划。在项目 1 号楼试点应用货量精装 ABC 户型智能算量，内置碧桂园成本清单计算标准，2 天即完成建模、算量及出清单（图 4-55），工程量准确率达 100%，节省了项目算量时间，提高了计量效率和准确度。

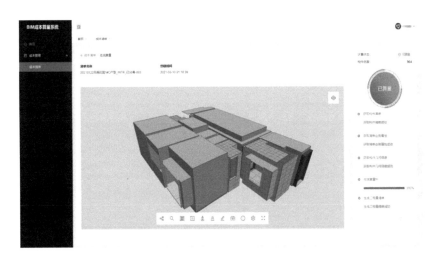

图 4-54 利用成本物料系统在线算量

图 4-55 利用成本物料系统生成工程量清单

（5）计划排程系统

项目在 6 号楼试点应用计划排程系统，该系统为项目施工提供标准任务模板和工序库，辅助施工计划编制；采用自动排程、计划文件导入、线上编辑等多种方式快速编制计划；实现任务分解，生成工单计划，为劳务人员、机器人提供工单，并通过工单反馈进度（图 4-56）。

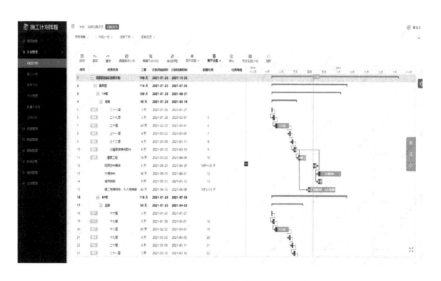

图 4-56　施工计划自动排程及管理

根据项目情况在线编制并发布主体施工计划，并对进度进行反馈及跟踪，楼栋长每日进行施工日、周、月报填报及形象相册填报。通过自动排程实现任务计划快速铺排，减少项目管理人员编制计划的时间。施工任务的及时下发、进度反馈，以及日、周、月报及形象相册填报支持多方实时查看统一的进度数据信息，了解项目信息情况，辅助项目高效管控和纠偏（图 4-57）。

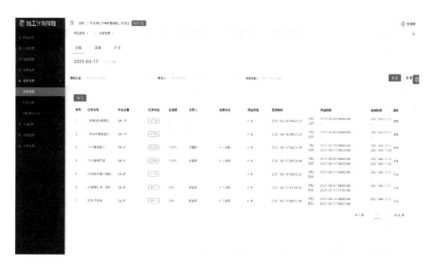

图 4-57　进度日、周、月报表

（6）虚拟建造系统

虚拟建造系统包括虚拟建造系统的可视化展示、虚拟施工样板间及虚拟建造进度可视化功能，将设计阶段的凤桐花园建筑物模型按照施工逻辑进行重组，建立施工过程模型，支持多系统应用，为建筑机器人施工提供支持（图4-58、图4-59）。

图4-58　虚拟样板间

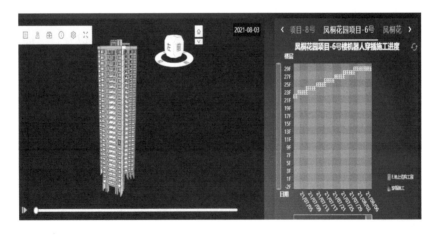

图4-59　机器人穿插施工进度

（7）智慧工地系统

智慧工地系统由设备感知、网络传输、中台、应用前台、终端总控构成，实现了项目施工流程标准化、管理数字化、决策智慧化。项目管理人员对人员及设备实施远程监控管理，劳务管理中的黑名单、人员管理、考勤管理以及设备监管中的视频监控、塔式起重机管理及智能水电、车辆地磅、环境监测等功能已得到应用（图4-60）。

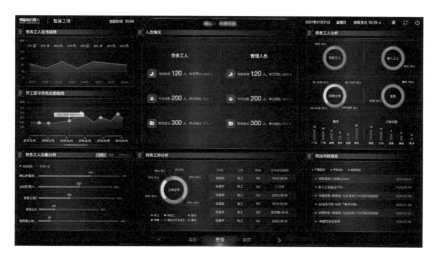

图 4-60　劳务管理应用

　　智能地磅联动材料管理在凤桐花园项目的深入应用，实现了混凝土及钢筋材料验收智能计重，大幅降低了材料司磅员验收的工作强度。另外，全景鹰眼视频监控的创新应用，使项目实现了工作区、作业区、生活区 24 小时实时远程可视，全面提升了项目安全、质量及成本管控（图 4-61）。

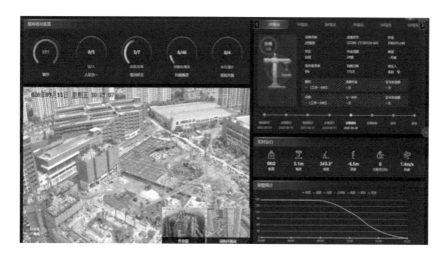

图 4-61　大型设备管理应用

3）智能建造装备应用情况

　　项目应用智能升降机、爬架、铝模 3 种智能建造装备，将施工设施标准化，降低对人工、物料的需求，提高了效率、周转率和施工过程中的安全性，达到了绿色、安全、环保的效果。

（1）智能升降机

智能升降机在传统的施工升降机基础上进行自动化和智能化升级。配置自动门，可响应楼层外呼和笼内选层指令，也可通过垂直物流调度系统响应智能机器人的搭乘请求，并在指定楼层自动平层停靠、自动开关门。智能升降机已在凤桐花园项目 1 ～ 8 号楼安装投入使用，实现了升降机自动化运行、建筑机器人自主乘梯，打通了工地垂直物流通道（图 4-62）。

图 4-62　智能升降机凤桐花园项目现场施工展示

（2）爬架

爬架是近年来开发的新型脚手架体系，它能沿着建筑物往上攀升或下降，主要应用于高层剪力墙结构，爬架深化、排产、安装及施工已成熟应用于凤桐花园项目 7、8 号楼。不仅节省了人力和材料，而且能全封闭施工，有效防止了人身坠落，提高了施工现场的安全性。

3. 试点成效

1）经济效益

项目利用 BIM 集成设计优化，通过三维可视化技术对各专业模型进行三维核查，形成项目 BIM 校核报告，共优化各专业图纸问题 958 条，输出报告 40 份，输出管综和预留洞图纸 2 版 30 张（图 4-63），有效减少了施工现场"错、漏、碰、缺"的情况，节省成本近 350 万元。

成本算量系统利用 BIM 模型及三维几何算法技术，基于碧桂园成本清单计算规则精

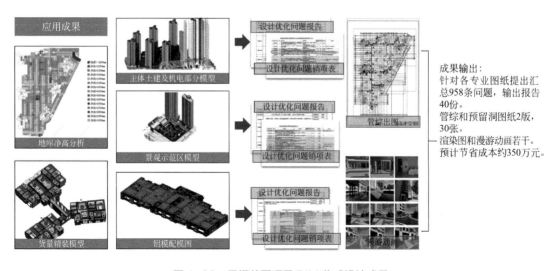

图 4-63　凤桐花园项目 BIM 集成设计成果

准生成工程量清单及材料用量清单。智慧工地材料管理利用智能地磅记录称重材料入库，并记录材料出库及盘点情况，让材料流水有据可循，再结合机器人施工等新技术有效降低了建造材料的损耗。

2）社会效益

项目通过信息化、数字化技术将不同的建筑机器人与施工环节一一匹配，系统整合起来完成整栋楼的施工任务，大幅提高了施工精度和施工质量，减少了人工投入和作业环境安全风险，降低了人工劳动强度，缓解了用工荒的问题，并有效解决了新冠肺炎疫情对传统建筑企业的开工和生产带来的困难。

3）环境效益

项目可满足绿色施工要求，减少施工现场环境污染。如室内喷涂机器人能减少喷涂作业的油漆气溶胶对建筑工人的伤害，地坪研磨机器人研磨时自带吸尘功能，能减少施工现场的扬尘，改善施工环境，减少环境污染，促进建筑业低碳绿色发展。

（三）上海市嘉定新城菊园社区项目

1. 项目简介

上海市嘉定新城菊园社区项目（图 4-64）占地面积约 4.2 万平方米，总建筑面积约

12.3 万平方米，包括 7 栋 18 层高层住宅、14 栋 5 层多层建筑。

图 4-64 上海市嘉定新城菊园社区项目效果图

2. 试点内容

1）数字化设计情况

项目采用基于 BIM 技术的全流程数字化管理方式，在设计阶段采用数字化手段进行改造，在生产、施工阶段利用智能设备，实现建设期的数字化全流程应用。

（1）设计阶段

①全信息三维模型（BIM）创建

项目按照"底层 + 标准层 + 机房层"的模式进行构建，保证模型在物理维度的一致性（图 4-65）。

②设计校审及优化

本项目在两个维度进行设计优化，一个是传统型的专业与专业间的设计优化，如土建专业与机电专业间的设计优化；另一个是整层的设计优化，即把各专业整合在标准层后进行合模检查来发现各专业交圈问题。经过检查及沟通，前期优化设计共计 70 处（图 4-66）。

③室内装修正向设计

项目采用 BIM 正向设计的方式进行图纸输出（图 4-67），其主要特色是图纸质量高，

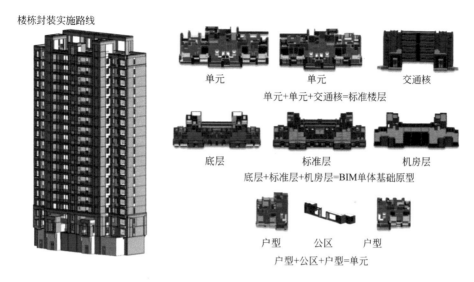

楼栋封装实施路线

单元　　　　单元　　　　交通核

单元+单元+交通核=标准楼层

底层　　　　标准层　　　　机房层

底层+标准层+机房层=BIM单体基础原型

户型　　公区　　户型

户型+公区+户型=单元

图 4-65　按照封装技术路线创建的各专业模型

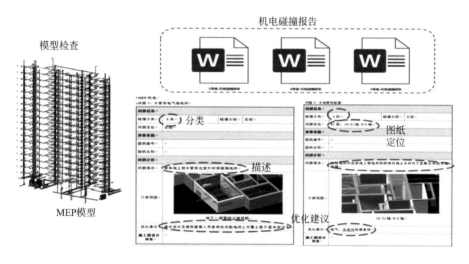

模型检查

机电碰撞报告

MEP模型

图 4-66　碰撞报告

减少了"错、漏、碰、撞"现象，图纸均为模型的二维视图剖切，所见即所得，图纸与模型无缝对应。此外，项目建立了数字化构配件库，可以有效降低对建模人员的专业技术要求，且体系不变即可实现二次复用，相比手工建模，时间缩短约50%。同时，可以利用BIM软件在模型中进行户内漫游（图4-68），方案可视化有利于提升对方案的优化效率，从而减少对成本造成的影响。

④ 基于 BIM 的自动算量

项目的技术难点为设计成本一体化的实施，重点在于成本信息的输入及模型精细度的构建（图4-69）。根据 BIM 正向设计算量得出的计量结果进行定量及定性分析，深入研究工作模式、设计模型向造价模型转化构件标准化方法、基于 BIM 的工程量快速核对标准

图 4-67　装饰装修专业出图样例

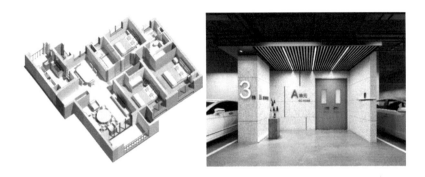

图 4-68　模型及漫游效果图

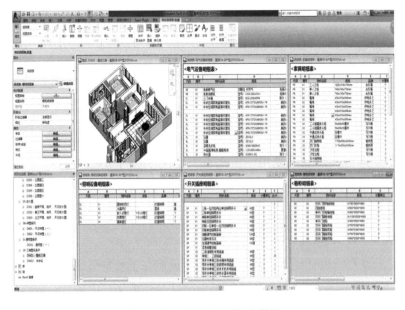

图 4-69　模型导出明细表样例

流程等 3 方面内容，共同构成 BIM 促进造价咨询业工程量计算及正向设计新模式。按成本算量需求多次细化模型规则，目前准确率可达 98% 以上，可实现模型算量与传统算量无差异性。

（2）生产阶段

在构件生产阶段，项目采用基于 BIM 模型研发的针对 SPCS 结构的智能深化设计软件（图 4-70、图 4-71）。软件内置 SPCS 技术的设计规则，能自动生成图纸与清单，使预制构件的建模、深化设计、图纸绘制等均可快速完成，有效提高了设计效率。

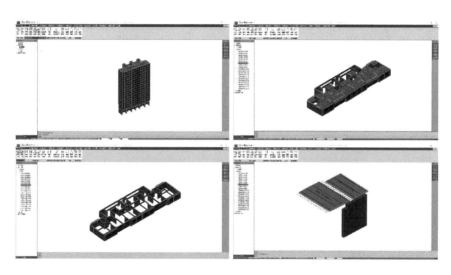

图 4-70　SPCS+PKPM（结构计算分析软件）软件项目应用图

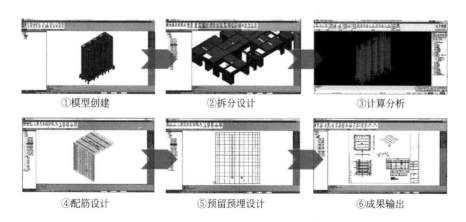

①模型创建　　②拆分设计　　③计算分析

④配筋设计　　⑤预留预埋设计　　⑥成果输出

图 4-71　SPCS+PKPM 软件设计流程

（3）施工阶段

在工程施工阶段，在设计模型的基础上，进行了二次建模深化，将散、乱的传统 BIM 应用点进行系统的整合，形成一套从策划、建模、深化、出图到施工的 BIM 应用标准，主要包括标准层强弱电深化设计、给水排水深化设计、安全防护深化设计、三维场布深化设计、拉杆式悬挑深化设计（图 4-72～图 4-77）。

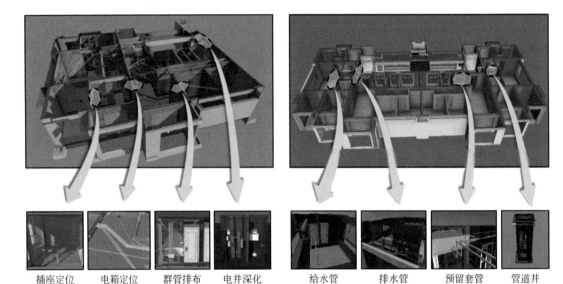

图 4-72　标准层强弱电深化设计　　　　图 4-73　给水排水深化设计

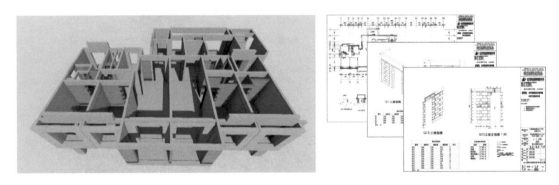

图 4-74　三维砌体排砖

基坑阶段

主体阶段

图 4-75　安全防护模型　　　　　　图 4-76　基于 BIM 的施工策划

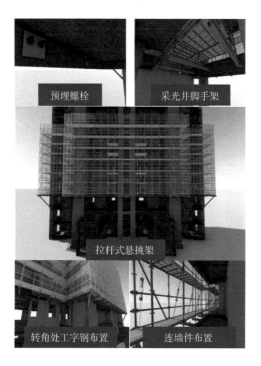

图 4-77 悬挑架模型

2）智能生产、智能施工应用情况

（1）智能生产

项目采用智能化生产线，实现混凝土构件从图纸到成品的高效自动转化（图 4-78）。

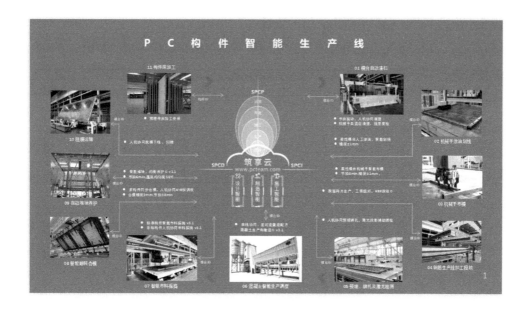

图 4-78 自动化生产线的设备及工艺布局图

激光扫描边模识别感知系统的原理及流程如图 4-79 所示。激光扫描边模识别感知系统无需人工操作，自动投影模台上的构件信息，可分构件、分层投影，高效、准确地实现构件轮廓、预埋件等位置检测，提高质检效率。

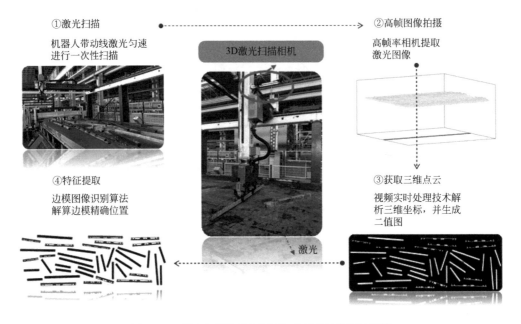

图 4-79　激光扫描边模识别感知系统的原理及流程图

智能布料、振捣系统。采用智能布料和振捣系统可以实现对混凝土的数量、叠合板的厚度等进行控制，提高生产线的效率，符合节拍要求，并可有效解决施工过程经常出现混凝土浇筑不实的问题，提高混凝土浇筑的质量。

智能堆垛、养护系统。通过智能控制堆垛机与流水线、养护系统的联动，实时记录窑位及养护状态，自动判别养护需求。堆垛机智能化全自动运行，全程无需人工值守，可实现构件智能并仓，提升架升降速度智能切换。对养护窑同样采取智能温湿度控制，可远程精确控制窑内温湿度。

构件翻转系统。项目对构件翻转系统同样进行了智能化探索。对大车行走、翻转机构采用变频曲线控制技术，确保起步、平移、停止能够运行平稳；内部、外部动作互锁，确保卷扬提升、模台翻转、对齐、夹紧等动作协调一致。

中央集成控制系统。中央集成控制系统集成了 PMES、视频总控系统、激光质检分析系统、工位作业辅助信息系统等，可以实现对流水线、划线机、布料机、振动台、堆垛机、养护窑、翻转机等设备的全智能全过程控制。生产线各设备智能互联互通，高效协调运行，构件生产节拍小于等于 8 分钟。

（2）智能施工应用情况

项目智慧工地系统（图4-80）包含智能门禁、车辆管理、塔式起重机健康、人货梯、安全监控、扬尘监测、车辆清洗、能耗监测8个子系统。

图4-80　智慧工地系统首页

基于无人机的全景球画面如图4-81所示，利用航拍无人机并借助航线规划软件，实现对现场自主式全域巡航、对重点关注区域精细化巡航，巡航画面实时回传至控制端，供管理人员实时巡查、发现和记录问题。

图4-81　基于无人机的全景球画面

基于BIM的4D施工进度模拟（图4-82）是在BIM模型的基础上，加入施工进度计划，通过4D施工模拟，对总进度计划进行反复推演，逐步细化优化为月、周、日工作进度安排，直观清晰地展现施工全过程不同工况的演变以及多工序间的交接关系，帮助施工单位提前预判现场进度风险和资源储备风险。

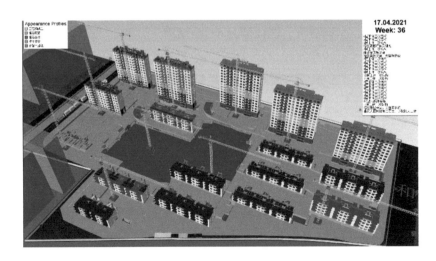

图 4-82 基于 BIM 的 4D 施工进度模拟

基于 BIM 的标准层 PC 构件吊装工序模拟如图 4-83 所示，为提高预制构件吊装效率，项目利用 BIM 技术对预制构件运输动线、吊装顺序进行提前模拟，保证预制构件施工的合理性。在施工前利用视频对工人进行交底，使工人提前熟悉现场情况和吊装顺序，保证施工进度和质量。

图 4-83 基于 BIM 的标准层 PC 构件吊装工序模拟

3）建筑产业互联网平台应用情况

（1）企业级智能建造平台

项目采用基于 BIM 的协同管理平台（图 4-84、图 4-85），针对项目施工进度、质量、安全、管理行为、材料、资料、会议等全方位进行信息化管控，实现对项目全参与方、全流程的扁平化管理，有效提高了各专业深度协同作业水平。

图 4-84　企业级智能建造协同平台

图 4-85　质量管理模块页面展示

（2）基于二维码的 PC 构件进度管控

借助二维码技术及智能终端设备，针对预制构件加工完成、构件出厂、构件进场、吊装完成等关键工序，实时快速采集进度信息，并通过模型直观展示，实现生产到施工端的高效信息协同（图 4-86）。

针对本项目使用的所有施工智能设备，平台运行半年累计产生进度数据 64188 条、质量工单 290 条、安全工单 490 条、报验类工单 3252 条，资料文件达 100G 以上（图 4-87）。

（3）装配化装修物联网

在项目装饰装修阶段中，还对龙骨、墙板和集成式卫生间托盘赋予数字 ID，通过二维码来检测送货时间、材料状态以及数量，包括货物运输状态、二次加工分拣状态、安装

图 4-86　基于 BIM 的预制构件进度管理

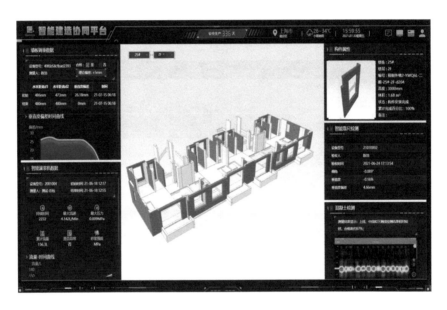

图 4-87　基于 BIM 的智能设备数据集成

完成状态等。在材料生产完成后，通过二次分拣加工中心对料件进行精准统一的切割和分拣，降低了工人现场分拣的出错率，再由终端下达指令精准送货到场（图 4-88）。

4）建筑机器人等智能建造装备研发应用情况

（1）实测实量机器人

针对住宅项目实测实量要求高、人工作业多的现状，采用建筑实测实量机器人，通过高精度激光雷达扫描，迅速分析 3D 点云来获取墙壁、吊顶、地面、门窗洞口等测量指标的各种数据，实现数据上墙和实时报表（图 4-89、图 4-90）。单个房间实测时间为 15 分钟，机器人仅需 3 分钟即可完成整个房间的点云扫描及测算工作，且测量垂直度、水平度、平整度精度在 ±1.5 毫米内，极大提高了现场实测实量作业效率和质量。

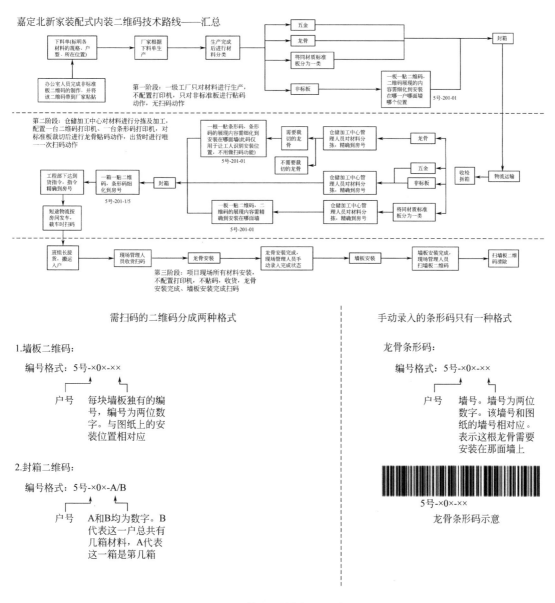

图 4-88　装配化装修物联网流程图

（2）智能靠尺

智能靠尺用于测量预制墙板立面垂直度，具有体积小、重量轻、操作便捷、测量精度高（1/1000）、速度快等优点。该设备配备便携式触摸屏、PC 和智能手机等多种人机界面，可实现数据实时传输、远程实时监控（图 4-91）。

（3）钢筋间距自动检测

针对施工现场拉尺测量接近待测物体困难、测量距离受限、读数效率低等问题，借助双目立体视觉技术并引入拍照式无接触式测量工具（最远可达 10 米），进行施工现场钢筋

图 4-89　实测实量机器人现场应用

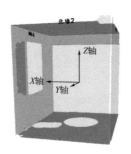

图 4-90　实测实量三维模型及数据查看

图 4-91　智能靠尺现场应用

间距（包括纵筋、面筋、箍筋间距等）的测量验收工作（图4-92）。

图4-92 钢筋间距自动检测

（4）钢筋/钢管智能点数

针对建筑材料点数效率低的问题，项目运用"钢筋/钢管云点数"微信小程序，通过手机拍照，便可完成上百根钢筋、钢管点数工作，钢筋/钢管点数效率提高50倍左右（图4-93）。

钢筋数量点数报告

姓名：×××　　　　　时间：2021-05-18 10:06:08

单位：中天建设　　　　所在项目：嘉定北金地项目

部门：××　　　　　　钢筋云点数数量：240

职称：××　　　　　　人工校核确认数量：240

图4-93 钢筋/钢管智能点数

（5）钢筋套筒智能灌浆机

钢筋套筒智能灌浆机（图4-94）是一套集自动化监测、记录、控制的智能设备，通过自适应压力控制系统，可有效避免套筒封堵材料爆裂等问题，同时可在灌浆过程中实时监测灌浆流量、体积和压力，对过程数据进行记录和保存（图4-95）。灌浆作业中，遇堵会自动增加压强冲破障碍，并在压力曲线上体现。主要应用范围为建筑墙体底部连接位置与飘窗位置的套筒灌浆，与传统灌浆机相比（表4-1），智能灌浆机平均1分30秒可完成单面5个灌浆套筒墙体的灌浆作业，而传统灌浆机需要2分钟左右。试点楼栋535个套筒采用智能灌浆机总时长为2.6小时，传统灌浆机总时长为3.6小时，节约1小时。此外，灌浆检测结果良好，第三方检测合格率在95%以上。

图 4-94　钢筋套筒智能灌浆机

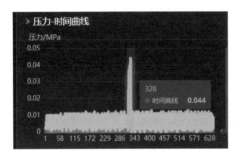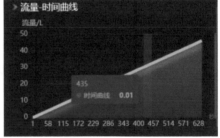

图 4-95　灌浆机实时数据记录

灌浆机参数对比　　　　　　　　　　　　　　　　表 4-1

传统灌浆机（例：GSNW04 改制型）				
功率	出浆量	注浆压力	料斗容量	重量
1.5kW	10L/min	1～3MPa	30L	110kg
智能灌浆机				
功率	出浆量	注浆压力	料斗容量	重量
1.8kW	15L/min	1.5MPa	50L	75kg

（6）智能调垂装置

智能调垂装置（图4-96）由调垂扳手、手持控制仪、测垂仪、智能APP组成，可通过实时墙板垂直度偏差并驱动调垂装置自动调整PC墙板垂直度，并对过程及结果数据进行记录和保存（图4-97），管理人员可在智能建造平台或手机实时查看。试验验证，在初始偏差

22毫米条件下，调垂用时39秒，同等作业条件下，相较传统工艺，调垂时间明显缩短（传统工艺为5～10分钟）；精度控制在±3毫米以内，有效保证了墙板立面垂直度。

 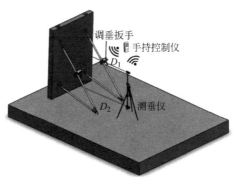

图4-96　智能调垂装置

图4-97　智能调垂过程数据记录

（7）超声波混凝土检测

针对装配式建筑连接部位质量检测难的问题，项目采用阵列式超声波断层扫描技术对叠合墙板叠合面等部位连接质量进行无损检测（图4-98、图4-99、表4-2），提前发现问题并发起质量工单进行整改，保证结构质量安全可靠。

图4-98　阵列式超声波成像仪

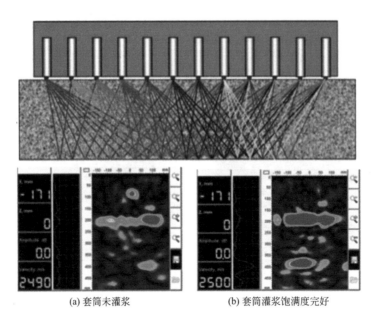

(a) 套筒未灌浆   (b) 套筒灌浆饱满度完好

图 4-99　检测原理及检测式样

本项目试点结果　　　　　　　　　　　　表 4-2

5 号楼混凝土密实度检测合格率								备注
楼层	墙体	测量部位	测量点数	合格点数	不合格	测量部位合格率	墙体合格率	
4 层	YWQ1R	上	6	6	0	100%	94%	—
		中	6	5	1	83%		不合格的 1 个点位于距墙体 0.1 米处，大概率为混凝土浇筑不密实
		下	6	6	0	100%		—
	YNQ2R	上	4	4	0	100%	100%	—
		中	4	4	0	100%		—
		下	4	4	0	100%		—
	YNQ4R	上	5	5	0	100%	100%	不合格的 1 个点位于距墙体 0.15 米处，为接触面不密实
		中	5	5	0	100%		不合格的 1 个点位于距墙体 0.15 米处，为接触面不密实
		下	5	5	0	100%		—
	YNQ1L	上	5	5	0	100%	93%	—
		中	5	4	1	80%		不合格的 1 个点位于距墙体 0.15 米处，为接触面不密实

续表

5号楼混凝土密实度检测合格率							备注
楼层	墙体	测量部位	测量点数	合格点数	不合格	测量部位合格率	墙体合格率	
4层	YNQ1L	下	5	5	0	100%	93%	—
	YNQ2L	上	4	3	1	75%	83%	不合格的1个点位于距墙体0.1米处，大概率为混凝土浇筑不密实
	YNQ2L	中	4	4	0	100%	83%	—
		下	4	3	1	75%		不合格的1个点位于距墙体0.15米处，为接触面不密实

（8）智能预制构件运输车

项目采用预制件专用运输车，单次装卸不超过5分钟；可装载长9.5米×高3.75米×宽1.5米的大型构件（图4-100）。同时采用先进的自适应减震系统和构件快速固定装饰，改变了传统平板车带来的安全和效率低下的问题。相比普通平板车，吊装次数减少50%、作业时间减少66%、作业人数减少75%，大幅降低了因运输及吊装导致的构件破损。

图4-100　智能预制构件运输车

（9）建筑机器人应用

项目采用了室内智能抹灰机器人，可根据BIM模型或者同等地图信息，自行进入指定房间，人工接好泵送料管后，机器人将沿着墙面自主完成抹灰作业，施工效率约250～300平方米/天，为人工抹灰效率的5倍，抹灰空鼓率和开裂仅为人工抹灰的十分之一（图4-101～图4-103、表4-3）。

BIM模型　　　3D环境提取　　机器人路径规划、程序生成　　　　现场调度/调整

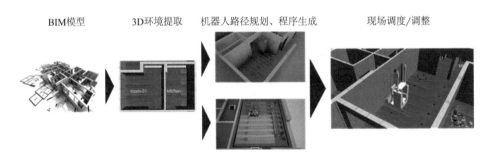

图 4-101　基于 BIM+3D 仿真环境的离线程序生成原理

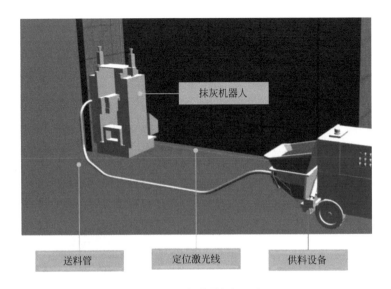

图 4-102　智能抹灰机器人

图 4-103　智能抹灰机器人抹灰效果

人工抹灰与智能抹灰机器人对比 表 4-3

对比项	人工抹灰		智能抹灰机器人抹灰	
	优点	缺点	优点	缺点
质量	—	因人而异，稳定性差	质量稳定，垂平度高	交接（上下口、阴阳角）处需人工收面
工效	—	人均 60 平方米 / 天	本项目测试 220 平方米 / 天	—
成本	机械费、水电费和措施费较少	人工成本高、管理费高，且逐年提高	综合成本低、管理费低，且逐年降低	增加机械费、水电费和措施费
作业条件	灵活多变、适应性强	招工难、无法长时间工作、需解决工人衣食住行	可规模性生产、24 小时施工、无衣食住行问题	每个机器配置一名操作员，需通过不同类型作业面来提升环境适应性，地面平整度要求高
其他	—	安全、职业健康问题	无安全健康风险	—

（10）其他

VR、MR 新技术应用。引入虚拟现实（VR）、混合现实（MR）等沉浸式体验技术手段，针对虚拟样板房、地下室机电管线位置验收等应用场景，借助智能交互体验设备实现沉浸式感知与体验（图 4-104、图 4-105）。

图 4-104　借助 VR 眼镜体验虚拟样板房

倾斜摄影技术及 AI 图像识别技术应用。利用无人机倾斜摄影技术快速建立场地三维实景模型并基于该模型进行场地剩余土方量计算（图 4-106），计算结果服务生产部门进行土方施工计划排班，保障土方施工顺利完成。

结合无人机巡检与 AI 图像特征检测进行项目现场自主式巡查，实现现场物料堆放合规检查（图 4-107）、楼栋施工工序进度监测（图 4-108）以及大型机械设备安全状况检测（图 4-109）等，节省了项目管理人力与时间成本，提高了生产效率（表 4-4）。

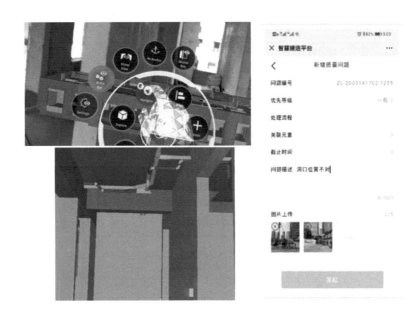

图 4-105　借助 MR 眼镜将模型投射到现场验收

图 4-106　基于无人机的土方测算

图 4-107　现场物料堆放合规检查

图 4-108　楼栋施工工序进度监测

图 4-109　大型机械设备安全状况检测

无人机土方算量与传统土方算量效率对比　　　　　　　　　　　　　　　表 4-4

项目	数据采集方式	数据类型	数据采集所需时长	数据处理所需时间	实际消耗时间
无人机土方算量	无人机进行现场航线拍摄	图片	1 小时	5 小时（非工作日时段）	2 小时
传统土方算量（方格网法）	测量人员根据划分的土方网格进行角点坐标测量	角点坐标信息	1 个工作日	3 小时	约 1.5 个工作日

"5G WIFI+ 超算中心 + 工地 AI 安全监测系统"技术应用。项目基于 5G WIFI 运用了工地 AI 智能监控系统，对进度、安全、质量管理进行赋能，对工人的行为和安全隐患进行识别，建立信息智能采集、管理高效协同、数据科学分析、信息智能预警的智能管理方案，避免发生安全事故（图 4-110、图 4-111）。

图 4-110　5G WIFI 全覆盖

图 4-111　工地 AI 智能监测

太赫兹光谱扫描技术应用。太赫兹光谱扫描可对目标建筑物的施工进度、质量和安全隐患做出精准分析，还可对在建工程项目建筑物的结构安全、是否按图施工、材料使用是否合理、工期进度是否按照 BIM 设计推动等一系列相关工作进行逆向检查，实时体现施工作业面和工程节点的真实情况（图 4-112）。

图 4-112　太赫兹工期进度扫描

"智能硬件设备 + 人工智能超算中心 +AI 动态管控平台软件"结合 AI 视频、智能巡检和既有视频技术应用。此技术是基于超算中心，利用智能 AI 算法完成对安全隐患和行为事前预测、实时监测和现场播报的区块链应用管控过程，为工程建设安全生产保驾护航（图 4-113）。根据超算中心统计，月均发现各类安全隐患和安全行为问题 2000 条左右。

图 4-113　未戴安全帽报警截图

3. 试点成效

1）经济效益

通过采用智能建造技术，项目预计将累计节约 763 万元。其中，设计变更成本预计减少 407 万元；精确的数字化成本算量带来的直接经济收益预计约为 80 万元；会议成本预计节约 15 万元；少纸化办公预计减少 5 万元；基于 BIM 的数字化项目管控及智能建造装备预计减少施工成本 106 万元；抹灰机器人大面实施预计减少 135 万元（3 块 / 平）；实测实量机器人代替第三方评估人为检测预计减少 15 万元。此外，智能化工厂预计减少投入 320 万元 /（年·生产线），经济效益显著。

2）社会效益

项目采用智能建造装备提高了现场作业效率和施工质量，提升了项目整体信息化水平，降低了工人劳动强度和用工需求。项目采用智能建造协同管理平台，月均发起 100 条以上安全质量工单，按时闭单率达到 98%，利用超算中心月均发现各类安全隐患和安全行为问题 2000 条左右并得到及时解决，有效提高了施工精度与监控的有效性，降低了质量安全事故发生率。

3）环境效益

项目采用的部品部件智能化工厂可有效降低能耗 20%。对工地用电能耗实时监测，自动感应、智能启停，有效降低了能源浪费。此外，该项目还应用了多种能耗环境监测传感器，实时监测工地污染并智能启停，有效降低了能源浪费并防止了环境破坏，为人们提供了舒适、安全、可靠、与自然和谐共生的建筑。

（四）重庆市美好天赋项目

1. 项目简介

重庆市美好天赋项目总建筑面积约 14.03 万平方米，主要包括 11 栋三拼 8 层（A+B+A 户型）、4 栋双拼 8 层（A+A）、2 栋双拼 13 层及 3 栋单拼 13 层住宅（图 4-114、图 4-115）。

图 4-114　项目效果图

2. 试点内容及成效

1）数字化设计情况

（1）BIM 技术全过程应用

项目建立了统一的组件标准编码规范，保证了快速、规范、精准的三维 BIM 模型构建，贯穿方案设计、前期设计、深化设计、准备工作、工厂生产、项目施工全过程。通过

图 4-115　项目鸟瞰图

BIM 设计模型，直接输出用于指导设备生产的数据文件——工厂生产 BOM 数据，打通设计与生产之间的壁垒，实现 BIM 指导自动化和智能化加工。

（2）BIM 智能设计平台

为承载设计驱动的一体化业务模式、提升 BIM 设计效率、降低设计成本，研发了"美好 BIM 智能设计平台"。该平台实现了 BIM 的集中化设计，将整体构造拆分和构件拆分融合，在一个平台上对建筑从整体到构件进行全面设计，并生成工厂生产线需要的生产加工文件、图纸。结合 BIM 三维可视化功能，实现钢筋数据布局查看和一键化绘制等（图 4-116）。

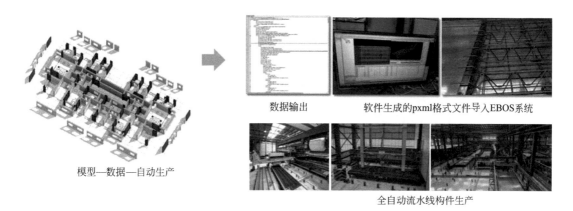

模型—数据—自动生产　　数据输出　　软件生成的pxml格式文件导入EBOS系统

全自动流水线构件生产

图 4-116　装配式建筑设计与生产

2）智能生产、智能施工应用情况

（1）智能生产

项目采用美好预制构件智能生产线，实现脱模、制模、置筋预埋、混凝土作业、堆垛养护等工序的智能化控制（图 4-117～图 4-121），实现少人值守、生产自动化、调度智能化、管理

图 4-117 机械手自动拆模

图 4-118 机械手自动置模

图 4-119 全自动钢筋加工设备

信息化，做到生产过程的可追溯性、报表管理、远程管理、企业 PPS 交互对接等（图 4-122）。

（2）智能施工应用情况

项目围绕施工过程建立协同管理平台，实现 BIM 模型管理、派单式施工管理、进度

图 4-120 智能混凝土布料机

图 4-121 自动翻转机

图 4-122 预制构件生产线管理流程

管理、质量管理、安全管理、物资管理、成本管理、人员管理等，提高工程管理信息化水平（图 4-123）。

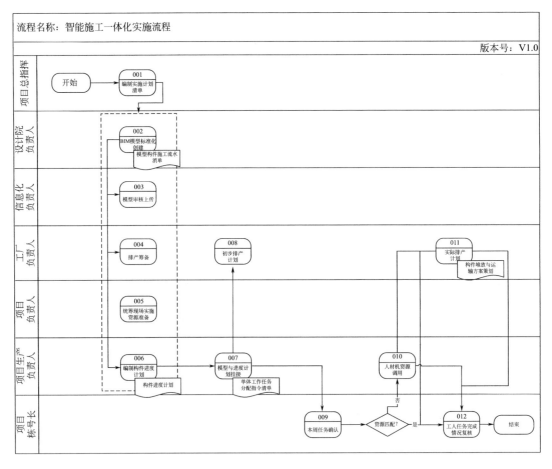

图 4-123　智能施工一体化实施流程

BIM 模型管理。通过 BIM 智能设计平台实现三维 BIM 模型管理，赋予构件唯一 ID，进行模型构件的构件级管理；根据标准化安装施工流水组织赋予构件安装流水号（图 4-124）；根据模型构件不同颜色区分班组作业范围（图 4-125）；根据模型构件不同的颜色实时查看施工进度状况（图 4-126）。

派单式施工管理。项目实施全过程进行可视化深化设计，并生成生产加工文件、图纸。结合 BIM 三维可视化功能，实现派单式施工管理，构件计划需求以采购包的形式提报至工厂，管控颗粒度达到构件级，实现现场施工精准派单式作业（图 4-127、图 4-128）。

进度管理。通过虚拟建造与实体建造"协同 + 联动"，实现项目进度的管理与反馈。在计划执行过程中，经常检查施工实际进度情况，若出现偏差，分析产生的原因，及时采取必要调整措施，进行进度控制（图 4-129）。

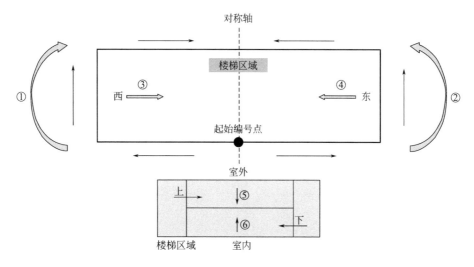

图 4-124　标准化安装流水设计

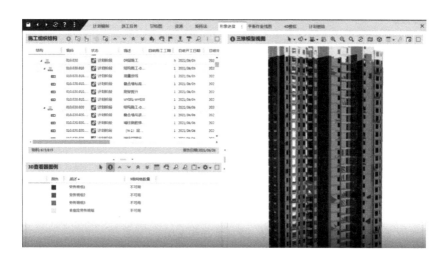

图 4-125　不同劳务作业区域颜色区分

图 4-126　实时查看施工进度

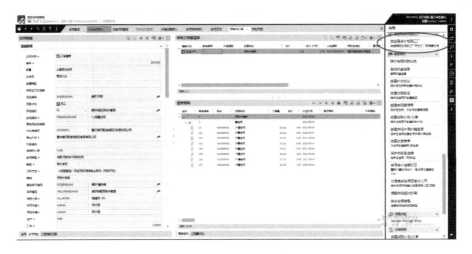

图 4-127　生成构件需求采购包发送至工厂

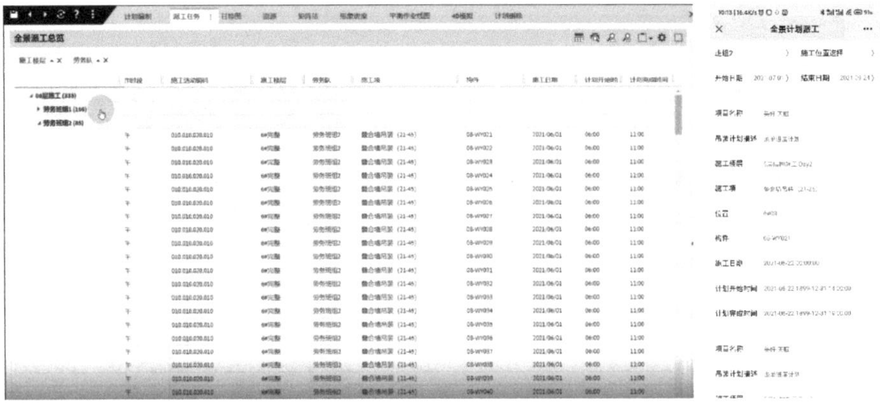

图 4-128　派单式作业

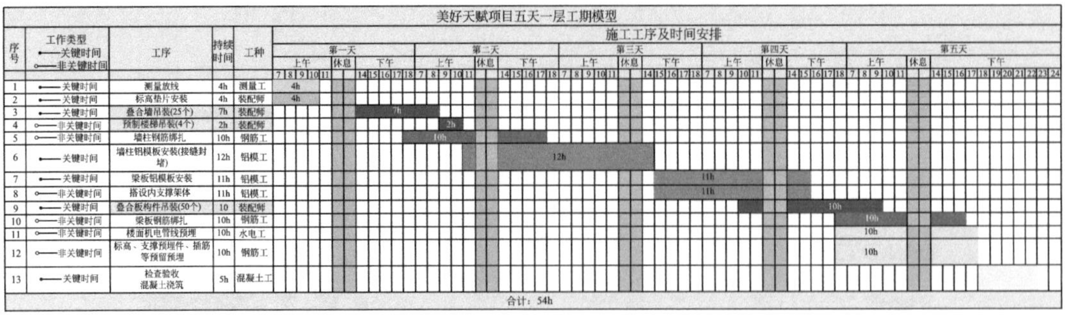

美好天赋项目五天一层工期模型
施工工序及时间安排
序号
工作类型
关键时间
非关键时间
工序
持续时间
工种
第一天
第二天
第三天
第四天
第五天
上午
休息
下午
1 关键时间 测量放线 4h 测量工
2 关键时间 标高垫片安装 4h 装配师
3 关键时间 叠合墙吊装(25个) 7h 装配师
4 非关键时间 预制楼梯吊装(4个) 2h 装配师
5 非关键时间 墙柱钢筋绑扎 10h 钢筋工
6 关键时间 墙柱铝模板安装(接缝封堵) 12h 铝模工
7 关键时间 梁板铝模板安装 11h 铝模工
8 非关键时间 搭设内支撑架体 11h 铝模工
9 关键时间 叠合板构件吊装(50个) 10 装配师
10 非关键时间 梁板钢筋绑扎 10h 钢筋工
11 非关键时间 楼面机电管线预埋 10h 水电工
12 非关键时间 标高、支撑预埋件、插筋等预留预埋 10h 钢筋工
13 关键时间 检查验收 混凝土浇筑 5h 混凝土工
合计：54h

图 4-129　标准层五天一层工期模型

质量管理。项目加强预制构件的质量可追溯管理，预制构件安装质检信息唯一且可追溯，并采用国外先进设备开展混凝土内部缺陷常态化检测（图 4-130）；强化项目工程安

全的监督管理，通过第三方飞检数据量化分析及强化重点管理方向（图 4-131）。

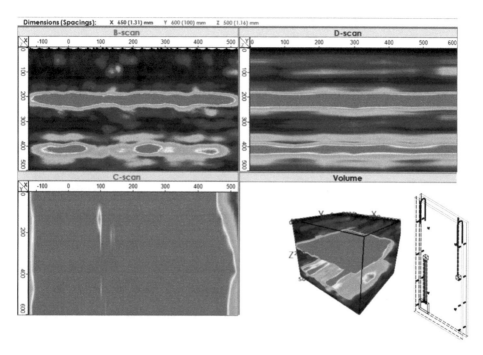

图 4-130　超声波成像检测构件质量

安全管理。通过智慧工地平台，加强吊装安全、用电安全、临边防护安全等各项安全管理。监控系统自动识别安全隐患，可及时反馈至管理人员及工人手机端（图 4-131）。

图 4-131　现场作业区域透明化管理

物资管理。在物资进场验收、入库登记、调拨、出库等环节进行数据跟踪，进行物料验收核心数据分析、物资消耗风险预警管理、进出场货量偏差分析、供应商供货情况分析，可减少管理人员工作量，提高物资管理的工作效率（图4-132）。

图 4-132　物资进场偏差过磅分析

成本管理。以合约视角监控成本执行状态，实现动态成本管理、进度计划与产值联动（图4-133）。

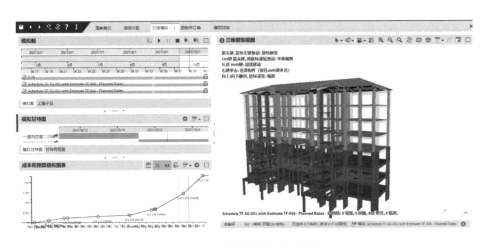

图 4-133　进度计划与产值联动

人员管理。项目施工现场对进入现场的施工人员、施工机具等进行优化配置和动态管理，降低施工事故发生率。

五、院士视角与媒体观点

（一）院士视角

1. 关于智能建造发展方向和策略的建议

1）钱七虎院士：工程建设要通过数字化向智慧化发展

当前建筑业科技创新最主要的标志，就是新一代信息技术、数字建筑技术等持续深入地应用到工程建设过程中，促进工程建设领域向少人化、无人化的方向发展。从长远看，要准确把握智能建造是土木工程产业转型升级高质量发展的关键。改革开放以来，工程建设经历了机械化和信息化的发展。比如地下工程原来都是采取钻爆法、人工打眼、人工放炮，后来可以大量应用机械台钻、多钻台车施工，现在可以采取数字化掘进，这是机械化的进步。在地下工程的地质探测中，信息化的发展也得到了体现，建地下工程，地下有没有水，有没有断层，如何防止地下安全事故发生，需要把情况了解得很清楚，并作出判断，这都是靠信息化设备提升安全性能。

今后，工程建设领域的进步还需通过数字化、智能化向高层次发展迭代——即向智慧化方向迈进，比如传统工程中，做设计是用图纸，但图纸和工程实体是分离的，而在进入BIM时代后，数字工程中BIM技术得到应用，技术人员可以在计算机里建立虚拟可视化的工程模型。

2）丁烈云院士：充分把握发展智能建造的机遇

发展智能建造是建筑业面向"产业数字化"的战略需求，是贯彻落实党中央、国务院决策精神及全国住房和城乡建设工作会议部署的具体举措。广大建筑业企业，尤其是智能建造试点城市的建筑业企业要充分把握发展智能建造的机遇，全面推动企业实现数字化转型，特别应注意把握以下几点：

一是充分理解"数据驱动"是智能建造的根本特征。与传统建造方式相比，智能建造最显著的特征就是突出"数据"的作用。基于模型的数字设计、智能化生产和装配、智慧运维等都离不开数据，"数据驱动"将贯穿智能建造的全过程。建筑业企业要充分理解"数据驱动"特征，从组织结构、业务模式和工作流程等方面进行完善以适应数字化转型的需要。

二是要以价值为导向，实现提质增效。智能建造是工程建造方式的重大变革，但不是简单的技术革新，需要从推进建筑业转型升级、实现高质量发展的高度，准确把握试点工作目标和要求，充分认识智能建造的内涵，不片面追求某些方面的技术先进性，而是更加注重生产效率和产品品质的提升。在推行智能建造过程中要坚持以价值为导向，有效解决工程建设面临的实际问题，避免简单地堆砌信息技术。

三是科学规划，突出特色。建筑业企业资源禀赋各不相同，在推进智能建造过程中要合理规划，因地制宜，形成自身的特色。对建筑业企业而言，发展智能建造是系统性的变革，涉及企业深层次的组织管理，需要统筹考虑，科学地制定实施计划。在实施过程中，应当坚持结合企业自身特色和优势，选准突破口，合理配置资源，注重"以点带面"，充分挖掘企业在数字化转型过程中的效益，实现数字化转型。

3）周绪红院士：重塑建造业务流程，推动效率提升

发展智能建造，是当前建筑业突破发展瓶颈、增强核心竞争力、实现高质量发展的关键所在。智能建造是融合新一代信息技术和工程建造技术，在工程中利用人工智能技术完成复杂建造工作的一种新型生产方式，其重点是人工智能技术，核心是机器学习、智能计算技术与工程技术相融合。智能建造不同于一般的自动化，其强调代替人做复杂的工作，具有人机交互、自主学习、自主分析、自主决策和自主优化、判断、预警、决策等优势。

建筑业要将工业化、数字化和智能化技术充分融合，显著提高行业的效率、质量、效益和科技水平，也需要进行工艺或业务流程的重塑，解决以往设计、生产和施工环节割裂问题，提高工程效率和总体效益，降低工程成本。在工程设计环节，采用 BIM 等数字化技术，可以进行全专业的正向设计，避免出现各专业之间的冲突，这需要对传统设计业务进行重塑，解决各专业之间配合困难的问题。在生产环节，需要设计形成的成果可直接用于数字化生产，这就对设计的数字化水平、设计与生产的数字化衔接提出了明确要求。在施工环节，传统施工工艺和流程并不适合数字化质量控制、智能化安全施工监控、智能化工程项目管控、建筑机器人等技术的应用，因此需要对传统施工流程和工艺进行重塑。建筑业在引入数字化和智能化技术后，以往的业务流程也需要改进和提升，充分利用新一代信息技术对工程项目进行全过程管理和优化，提升项目效率和效益。

4）肖绪文院士：建筑业推进智能建造已是大势所趋

推进智能建造已经成为推进建筑业高质量发展的关键举措。基于目前我国建筑业的现状分析和政策导向，建筑业推进智能建造已是大势所趋，重点体现在以下方面：

一是建筑业高质量发展要求的驱使。建筑业要走高质量发展之路，必须做到"四个转变"：从"数量取胜"转向"质量取胜"；从"粗放式经营"转向"精细化管理"；从"经济效益优先"转向"绿色发展优先"；从"要素驱动"转向"创新驱动"。实现这些转变，智能建造是重要手段。

二是工程品质提升的需要。进入新时代，经济发展的立足点和落脚点是最大限度满足人民日益增长的美好生活需要，其中工程品质提升是公众的重要需求。工程品质的"品"是人们对审美的需求；"质"是工艺性、功能性以及环境性的大质量要求。推进智能建造是加速工程品质提升的重要方法。

三是改变建筑业作业形态的有力抓手。建筑业属于劳动密集产业，现场需要大量人工，如何坚持"以人为本"的发展理念，改善作业条件，减轻劳动强度，尽可能多地利用建筑机器人取代人工作业，已经成为建筑业寻求发展的共识。

四是提升工作效率，推动行业转型升级的必然。目前，建筑业劳动生产率不高，主因是缺少建造全过程、全专业、全参与方和全要素协同实时管控的智能建造平台的高效管控，缺少便捷、实用和高效作业的机器人施工。

五是实现"零距离"管控工程项目的利器。推进智能建造充分发挥信息共享优势，借助于互联网和物联网等信息化手段，建造相关方可以便捷使用的工程项目建造管控平台，实现零距离、全过程、实时性的管控工程项目。

5）岳清瑞院士：以智能建造为契机推动体制机制创新

现阶段，我国已由高速增长转向高质量发展阶段，也正处于转变发展方式、优化经济结构、转换增长动力的关键时期。在此背景下，中共中央、国务院印发了《数字中国建设整体布局规划》。建筑与基础设施作为数字中国的核心载体，数字化进程非常关键。建筑业的数字化与智能化是大势所趋，势在必行。智能建造作为建筑业的发展方向和新的发展引擎，更加有利于推进建筑业的转型升级和高质量发展。相信随着数字化的持续推进与发展，建筑行业一定能够实现高质量建造、安全建造、绿色建造以及智能建造的目标。2022年，住房和城乡建设部将北京等24个城市列为智能建造试点城市，积极探索建筑行业转型发展的新路径。我们要抓住这个机会，结合各地市针对智能建造在投资引导、示范创新、金融财税等方面出台的各项措施，大力推动全国性的、可落地的体制和机制创新。

2. 关于推动智能建造科技创新的建议

1）钱七虎院士：全面感知、全面互联、智慧平台

一是全面的透彻感知系统。以地下工程、隧道工程为例，地下工程是高风险的工程，因为地下存在很多不确定性，比如地下有没有水、水量多大，地下岩体是破碎的还是坚固的，破碎的岩体有没有可能导致塌方等。这些情况，人都是看不到感受不到的，要通过设备、传感器、信息化的设备去全面感知，摸清情况。

二是通过物联网、互联网的全面互联实现感知信息（数据）的高速和实时传输。只能感知还不行，获取的信息一定要快速传输出去，如果当下获得的信息要过几天才能看到，只能进行事后分析，工程建设就不能实时地反馈和服务。有了互联网、物联网、5G 技术后，信息传输非常快，可以即时地反映认知。

三是打造智慧平台。技术人员要通过这个平台对反馈来的海量数据进行综合分析、处理、模拟，得出决策，从而及时发布安全预警和处理对策预案，这是非常有必要的。有了这些技术，工程建设的风险更低，施工人员更安全，同时也能最大限度地节省材料和减少环境破坏。

2）丁烈云院士：补短板、显特色、促升级、强优势

为了推动我国迈入智能建造世界强国行列，应坚持推进自主化发展，遵循"典型引路、梯度推进"原则，通过补短板、显特色、促升级、强优势，研发智能建造关键领域技术。

一是工程软件加强"补短板"，解决软件"无魂"问题。在明确国内外工程软件差距的基础上，大力支持工程软件技术研发和产品化，集中攻关"卡脖子"痛点，提升三维图形引擎的自主可控水平；面向房屋建筑、基础设施等工程建造项目的实际需求，加强国产工程软件创新应用，逐步实现工程软件的国产替代；加快制定工程软件标准体系，完善测评机制，形成以自主可控 BIM 软件为核心的全产业链一体化软件生态。

二是工程物联网积极"显特色"，力争跻身全球领先。将工程物联网纳入工业互联网建设范围，面向不同的应用场景，确立工程物联网技术应用标准和规范化技术指导；突破全要素感知柔性自适应组网、多模态异构数据智能融合等技术；充分利用我国工程建造市场的规模优势，开展基于工程物联网的智能工地示范，强化工程物联网的应用价值。

三是工程机械大力"促升级"，提升"智能化、绿色化、人性化"水平。建立健全智能化工程机械标准体系，增强市场适应性；打破核心零部件技术和原材料的壁垒，提高产品的可靠性；摒弃单一的纯销售模式，重视后市场服务，创新多样化综合服务模式。

四是工程大数据技术"强优势",为持续创新奠定数据基础。完善工程大数据基础理论,创新数据采集、储存和挖掘等关键共性技术,满足实际工程应用需求;建立工程大数据政策法规、管理评估、企业制度等管理体系,实现数据的有效管理与利用;建立完整的工程大数据产业体系,增强大数据应用和服务能力,带动关联产业发展和催生建造服务新业态。

3)周绪红院士:建立跨专业跨行业产学研协同创新体系

目前,通用的基础绘图软件、有限元软件和BIM(建筑信息模型)软件等基本为国外产品,与我国的标准和建设管理流程不一致,实用性较差,很多国内软件商只能基于国外的软件进行二次开发。我国在采用这些软件进行工程建造时,一些基础数据容易泄露,给国家基础设施方面的安全带来巨大威胁。三维图形和计算分析软件、高精机器人、高精光学采集仪器等软件和设备成为我国建筑业智能建造的"卡脖子"难题,解决这些问题已经刻不容缓。

因此,必须通过产学研结合的手段,建立以大型建筑业央企、国企或民企牵头,软件开发商、制造企业和高校及科研院所参与的跨专业、跨行业协同创新体系。以工程实际问题为导向,组织工程、数学、物理、信息、计算机、自动化等多学科交叉研发队伍,开发具有我国自主知识产权的三维图形引擎、平台和符合中国建造需求的BIM软件;突破数据采集与分析、智能控制和优化、新型传感感知、工程质量检测监测、故障诊断与维护等一批核心技术和关键高端装备。一是研发智能数字化设计技术,解决当前工程设计效率低、周期长、人力投入多、出错率高等问题。二是研发智能设计与制造的一体化技术,解决设计与生产信息割裂、设计成果难以转化为生产信息的问题。三是研发建筑部品部件智能制造技术与智能施工机器人技术,在制造与施工中完成危险性较高、环境污染大、工作繁重或操作重复的工序,有效应对建筑业劳动力缺失、劳动强度大、成本高等问题,并确保工程更加安全、高效和环保。四是研发施工安全智能监控和工程项目智能管控技术,解决施工安全管控难度大、安全事故多、项目管理工作量大、工程进展信息统计滞后等问题。五是研发智能检测与监测技术,解决质量检测技术落后、检测效率低、质量管控人为因素多、工程全寿命周期运维难度大等问题。

4)肖绪文院士:以提质增效为目标,不作秀,不浮躁,扎实推进

一是科技研发工作必须先行。智能建造是传统建造技术与现代化技术高度融合的建造方法,其综合性和创新性极强,不能一蹴而就,必须科研工作先行,持续加大科研投入,持续进行科技攻关,方能取得实质性效果。二是加快创建工程建造信息模型管控平台。工程项目的系统化管控是实现建筑业高质量发展的基本要求,创建管控平台,实现工程项目的系统化管控,对于提升建筑业管理水平具有举足轻重的作用,应列入智能建造推进工作的优先选项。三是加速建造机器人研制。建立工程总承包企业主导,电子、机械、信息与

控制等多专业参与的科技攻关体系，组织多专业进行建造机器人研制的联合攻关，加速施工作业机器人推广使用。四是构建面向项目层、企业层、集团层的 PRP-ERP-GRP 管理系统。智能建造应针对工程项目建造的不同角色，构建政府、业主、设计、总承包和专业分包等相关方共享共用的工程项目智能建造的管控平台；在集团、企业和项目 3 个层面体现权责分工，聚焦项目策划能力、资源整合能力和过程管控能力提升，进行流程优化和固化，形成围绕工程项目不同管控主体的 PRP-ERP-GRP 系统，赋能提质增效。五是加速专业协同化设计平台构建。构建建筑、结构、水、暖、机电、装饰等多专业协同设计的数字化平台，打破各专业设计分离的现状，从整体层面设计工程产品，达到整体工程质量最优。六是研发"工程建造 +"，将新型技术融入传统建造技术。智能建造推进更应关注针对施工过程的工艺、工序特点，环境感知要求，融合"大智云物移"等现代化信息技术，形成"质量安全 +""幕墙工程 +""钢筋工程 +"等融合技术，以便实现施工的高效化、工艺的精细化和工程的品质化。七是重视开发自主知识产权的计算机底层支撑系统、操作系统和办公系统。目前，普遍使用的计算机三维图形及其 BIM 系统、底层操作系统 Windows 以及办公系统 Office 大多源自境外，开发自主可控的支撑智能建造的计算机软件系统，对于提升核心技术能力至关重要。

5）岳清瑞院士：加快推进智能建造科技创新

一是要探索力学美学融合的高效智能设计和智能的优化理论；二是要探索开展较部品部件装备更加高效的模块化建筑技术体系的实践与示范；三是要研发高效高精度智能化安装装备与机器人，改变目前以塔式起重机为主进行分配化作业的运营模式，开发适应建筑工业化的专业安装装备；四是要研发高效能标准化的建造方法和技术体系；五是要建立高品质的质量控制体系。基于智能化的技术手段和装备，通过对建筑设计、制造安装全流程的科技赋能，真正改变传统的粗放型建造模式。

3. 关于加快智能建造人才培养的建议

1）丁烈云院士：培养智能建造创新型工程科技人才

智能建造促进建筑产业发生深刻的变革，支撑这一变革的关键因素是高水平的专业人才。智能建造背景下，对专业人才的知识结构、知识体系和专业能力等各方面也必然会提出新的要求。

一是智能建造专业人才应当具有"T"形知识结构。智能建造一个显著的特征就是多学科交叉融合，同时要求能够解决具体工程问题。从知识结构看，智能建造背景下要求专业人才具有宽泛的知识面，也就是"一横"要足够宽。建筑 3D 打印、建筑机器人、生物混凝土技术等就体现出材料学科、机械学科、计算机学科、生命学科等与土木学科的交叉融合。因此，从事智能建造必须掌握相关学科的基础理论和知识。各学科之间应该做到有机融合，而不是简单地堆砌。这就要求智能建造专业人才做到融会贯通，真正成为具有复合知识体系的人才。同时，智能建造专业人才知识结构和体系也需要解决"一竖"的问题，即需要具备某一方面足够深入的专业知识。智能建造是在信息技术与工程建造深度融合的背景下提出的，因此其专业人才尤其需要注重掌握信息科学方面的知识和方法，实现信息技术与土木工程知识的融合贯通。

二是智能建造专业人才应当突出工程建造的能力。智能建造归根到底是要实现更高质量的工程建造，智能化是实现这一目标的手段。智能建造专业人才培养不能偏离工程建造这个"本"，尤其不能舍本逐末，简单堆砌一些信息技术类的课程，挤占了专业课时，反而削弱了学生的工程基础。智能建造专业人才培养必须将满足未来工程建造需要、具备解决工程建造过程中复杂问题的能力作为指导思想，确立人才培养要服务于"工程"的主线。与此同时，智能建造专业人才培养还要突出利用新技术、新方法创造性地解决工程问题的能力。在数字化、网络化、智能化发展趋势下，多学科交叉融合的智能建造将会发展出新的工程建造技术与方法，如数据驱动、模型驱动的工程设计和施工。这就需要智能建造专业人才具有创新思维，能够从独特的视角发现新问题，提出新颖的解决思路，运用新技术和方法实现创新性的成果。在融合相关交叉学科的基础上，智能建造专业人才至少能够掌握一门语言（计算机），驱动一台设备（机械），解决一个工程问题（土木）。

三是智能建造专业人才要具有工程社会意识。随着工程建设技术的发展，人类改造自然、影响环境的能力也越大。现代工程建设面临的不再是单纯的技术问题，还要考虑工程与环境、社会之间的相互影响。三峡工程财务决算总金额为2078.73亿元，其中枢纽工程873.61亿元，占总投资的42%，而用于移民搬迁安置的资金达到920.29亿元，占总投资的44.2%。新技术变革条件下的智能建造工程师应当具有工程伦理意识、强烈的社会责任感和人文情怀，要更加深刻地理解工程实践对社会、环境造成的影响，更加深刻地理解建筑产品对社会、用户带来的价值以及如何去实现这些价值。智能建造应当为用户创造出更绿色、更高品质的建筑产品，这就要求我们不仅要从建造技术上去创新，采用最佳的建造材料和建造方式，还要有强烈的责任心，在建设活动中始终坚持以用户为中心、坚持可持续发展的理念。

2）周绪红院士：加快创新人才培养，支撑产业发展

智能建造是一个新兴产业，相关人才严重短缺，亟须培养研发、设计、生产、施工、管理和运维方面的人才。一要培养智能建造技术研发人才。智能建造技术是一种多学科交

叉的先进技术，既需要掌握传统的土木建筑知识，又需要精通人工智能算法、物联网、通信技术、云计算、机器人、计算机、智能制造和先进设备等方面的知识，传统的土木建筑专业技术人才难以承担这种多学科交叉的研究工作。二要培养适应智能建造产业发展的技术人才。这类技术人才既需要掌握传统土木建筑技术和经验，又需要具备建筑工业化、信息化的思维，能够在全产业链上实施和应用智能建造技术，当前的土木建筑专业毕业生难以达到这样的要求。三要大力培养智能建造产业工人。下一步需要重点培养具备智能生产、智能施工、智能检测监测、智能运维等专业技能的建筑产业工人。目前，我国的建筑工人以农民工为主，只熟悉现场的粗放式手工作业，对建筑工业化和数字化技术不了解，很难承担智能建造相关工作。

高等院校要改革人才培养模式，完善人才培养体系，设置智能建造专业，建设多学科交叉的课程体系，努力培养高层次学科交叉型、复合型专业技术人才和经营管理人才；职业院校要积极开展土木建筑类专业的改造和升级，培养具有智能建造技术实施能力的技术应用型人才；鼓励骨干企业和研发单位依托重大项目、示范工程，培养一批领军人才；加强国际交流，改革人才评价机制，完善人才合作机制和激励机制。

3）岳清瑞院士：人才培养是推动智能建造"落地生根"的关键

智能建造是对传统建筑方式的巨大变革，产业发展面临严峻的人才制约，创新型人才及产业工人的培养是推动智能建造"落地生根"的关键。智能建筑规模化、模块化、标准化、智能化的生产建造，不再是单纯的施工过程，因此需要探索涉及政产学研用的联合培养路径，加强政府、企业、高校和科研机构的紧密联系，共同培养能适应建筑产业变革需要的创新型的智能建造工程科技专业人才。

（二）媒体观点

1. 人民日报：以智能建造助力"中国建造"（2022年8月19日）

像搭积木一样装配预制构件，装配式建筑项目能有效减少污染、节约资源和降低成本；外墙喷涂机器人开展高空作业，效率可达人工的3至5倍；楼宇自控系统实时调节室内温度、照明等，让建筑有了"智慧大脑"……近年来，我国建筑业加快工业化、数字化、智能化转型，发展质量和效益进一步提升。

智能建造是指在建造过程中充分利用智能技术，通过应用智能化系统提高建造过程智能化水平，达到安全建造的目的，提高建筑性价比和可靠性。为加快推动建筑业与先进制造技术、新一代信息技术的深度融合，前不久，住房和城乡建设部印发通知，决定征集遴选部分城市开展智能建造试点。本次试点安排了完善政策体系、培育智能建造产业、建设试点示范工程和创新管理机制四项任务，有助于形成可复制可推广的政策体系、发展路径和监管模式，为全面推进建筑业转型升级、推动高质量发展发挥示范引领作用。

建筑业在我国国民经济中具有重要地位，去年我国建筑业总产值为 29.3 万亿元、同比增长 11%，增加值占国内生产总值的 7%，有力支撑了国民经济持续健康发展。但长期以来，我国建筑业发展主要依赖资源要素投入、大规模投资拉动，生产方式粗放、劳动效率不高、能源资源消耗较大等问题比较突出。"十四五"规划和 2035 年远景目标纲要提出："发展智能建造，推广绿色建材、装配式建筑和钢结构住宅"。借助 5G、人工智能、物联网等新技术发展智能建造，成为促进建筑业转型升级、提升国际竞争力的迫切需求。

发展智能建造，是稳增长扩内需的重要抓手。智能建造产业具有科技含量高、产业关联度大、带动能力强等特点，既有巨大的投资需求，又能为新一代信息技术提供庞大的消费市场。发展智能建造，不仅能够带动人工智能、物联网、高端装备制造等新兴产业发展，还能培育建筑产业互联网、建筑机器人、数字设计等新产业新业态新模式，进而培育新的经济增长点。

发展智能建造，也是助力实现碳达峰碳中和目标的重要举措。借助先进的建造技术，能够推动建筑业绿色低碳转型。例如，装配式建筑能够减少脚手架用量、提高建造效率，在节能、节材、节地等方面具有优势；还有一些地方建设集光伏发电、储能、直流配电、柔性用电于一体的"光储直柔"建筑，实现用电自主调节和优化。

应当看到，发展智能建造，是一项复杂的系统工程，涵盖了科研、设计、生产加工、施工装配、运营等环节，需要统筹谋划、协同推进。其中，加大建筑产业互联网平台基础共性技术攻关力度，培育一批行业级、企业级、项目级平台和政府监管平台，尤为关键。与此同时，还需要从资金扶持、人才培养、推动建立以标准部品为基础的生产体系等方面，给予政策支持。以人才培养为例，当前既了解土木建筑工程又熟悉信息技术的复合型人才还相对缺乏，迫切需要高校院所围绕交叉学科新方向展开布局、打造相适应的人才培养方案。既注重问题导向，也注重技术和管理协同创新、注重产业融合，推出行之有效的举措，才能更好地发展智能建造，助力建筑业高质量发展。

发展智能建造，意义重大，潜力巨大。面向未来，推动智能建造和建筑工业化协同发展，"中国建造"的核心竞争力必将不断提升，建筑业高质量发展的成绩必将更加亮眼。

2. 人民日报：以科技创新推动建筑行业转型发展——建造更智能 城市更智慧（2023年2月18日）

飘窗钢筋网笼自动加工，9个绑扎点仅用时70秒，智能绑扎机器人"手速"惊人；减少脚手架等的用量，像搭积木一样建房子，装配式建造节能提效；感应人员活动，自动调节室内温度和照明，楼宇自控系统智慧贴心……集成5G、人工智能、物联网等新技术，近年来"中国建造"向工业化、数字化、智能化转型，变得更聪明、更智慧。

"十四五"规划提出："发展智能建造，推广绿色建材、装配式建筑和钢结构住宅"。日前，中共中央、国务院印发的《质量强国建设纲要》提出，推广先进建造设备和智能建造方式，提升建设工程的质量和安全性能。当前，智能建造推动进展如何？还有哪些问题需要解决？记者进行了采访。

推动行业高质量发展，助力稳增长扩内需

来到中建科技四川外国语大学重庆科学城中学项目，50米高的塔式起重机正在运转。"每台塔式起重机都安装了黑匣子，与智慧平台相连接，能够实时监测塔式起重机幅度、载荷率等信息，保障施工安全。"项目负责人鲁立均介绍。建设现场，5台履带式机器人来回穿梭，采集周边数据。"这是我们自主研发的全自动点云扫描机器人。"鲁立均告诉记者，机器人可以自主规划作业路径、自主避障，以36万点/秒的扫描速率对室内60米范围内的建筑进行数据采集，检测精度达2毫米。

长期以来，我国建筑业主要依赖资源要素投入、大规模投资拉动发展，存在生产方式粗放、劳动效率不高、能源资源消耗较大等情况，迫切需要通过发展智能建造，走出一条高质量发展之路。

发展智能建造，是稳增长扩内需、做强做优做大数字经济的有力抓手。在湖南省长沙市，当地装配式建筑产业年产值突破1000亿元，产业链上下游骨干企业达400余家。住房和城乡建设部建筑市场监管司有关负责人介绍，智能建造产业具有科技含量高、产业关联度大、带动能力强等特点，既有投资需求，又能为新一代信息技术提供消费市场。

发展智能建造，也是助力绿色低碳转型、服务健康美好生活的重要举措。在四川省成都市的一处智慧示范办公大楼，自控天窗可根据气象条件联动开启，楼顶光伏发电、地下储能实时调节充放电，每年可节省用电约186万千瓦时、减少碳排放约1027吨。

挖掘典型应用场景，培育新产业新业态新模式

2022年，住房和城乡建设部选取北京、天津、重庆等24个城市开展智能建造试点，探索建筑业转型发展新路径，试点为期3年，预期目标共分3个方面。

在加快推进科技创新，提升建筑业发展质量和效益方面，重点围绕数字设计、智能生产、智能施工等6方面，挖掘典型应用场景，加强对工程项目质量、安全、进度、成本等全要素数字化管控，形成高效益、高质量、低消耗、低排放的新型建造方式。

在广东省广州市花都区，白云机场三期安置区项目的展厅屏幕上，预先在工厂生产好的墙体、梁柱等构件正高效有序地转体、合体。"对于装配式建造来说，如果不做好预制构件类型、几何属性等的'拆分设计'，很难提质增效。"中建四局项目总工易超举例，"养老院项目的预制柱为两层合柱，最高9米、最重近12吨，现场精准安装对接较为困难，我们通过BIM（建筑信息模型）技术进行全周期建模，避免了构件安装时的碰撞。"

不仅如此，这一项目还定制了"CIM（城市信息模型）+智慧建造"平台。"手机登录智慧建造云平台，可以马上获知施工进度、质量等信息。"易超说，一系列先进技术的运用，使平均每层的建造工期缩短6天。

在打造智能建造产业集群，培育新产业新业态新模式方面，不少试点城市探索推动建设一批智能建造产业基地，加快建筑业与先进制造技术、新一代信息技术融合发展，提高科技成果转化和产业化水平，带动新兴产业发展。

在培育具有关键核心技术和系统解决方案能力的骨干建筑企业，增强建筑企业国际竞争力方面，住房和城乡建设部建筑市场监管司有关负责人介绍，下一步将加强企业主导的产学研深度融合，推动实施一批具有战略性全局性前瞻性的智能建造重大科技攻关项目，巩固提升行业领先技术，加快建设世界一流建筑企业，通过科技赋能打造"中国建造"升级版，形成国际竞争新优势。

完善统筹机制，注重协调创新

受访专家表示，发展智能建造是一项复杂的系统工程，既要注重问题导向，将解决制约建筑业高质量发展的关键问题作为出发点；也要注重技术和管理协同创新，在推广应用新技术新产品的同时，积极探索配套管理模式和监管方式的创新；还要注重产业融合，推动建筑业与先进制造业、信息技术产业的跨界融合。

在湖南省长沙市，当地围绕智能建造在招标投标、工程计价、科技创新、技术评价、人才培育、产业培育等领域的配套要求，建立了工作任务清单，提升管理水平。据长沙市有关负责人介绍，下一步将建立健全土地、规划、金融、科技等方面的支持政策，完善跨行业多方协作机制，使现有各类产业支持政策进一步向智能建造领域倾斜，为智能建造与建筑工业化协同发展提供集成式的政策保障。

在海南省三亚市，崖州湾科技城上线智能审图BIM平台，工程项目可以在线进行建设图纸数字化报建，通过"系统预审+人工复核"的方式快速形成审查意见。传统人工审核单个项目 CAD（计算机辅助设计）图纸需要 3 至 5 个工作日，智能审图系统结合人工复核，只需 1 至 2 个工作日便可完成。

另外，智能建造采取的方法、设备、技术等与传统建造方式有显著差异，对建造过程中的数字化、精细化、机械化和效率要求也更高。中国工程院院士周绪红认为，发展智能建造技术和产业，必须做好智能建造标准化体系的顶层设计，明确总体要求和方案，逐步建立覆盖设计、生产、施工、检测、验收、运维等各方面的完整标准体系。与此同时，智能建造相关人才严重短缺，亟须培养研发、设计、生产、施工、管理和运维方面的人才。

"下一步，住房和城乡建设部将加强组织领导，完善统筹协调机制，指导各试点城市出台产业支持政策，搭建产学研合作平台，高标准落实各项试点目标任务，力争形成可感知、可量化、可评价的工作成效，全面推进建筑业向新型工业化、数字化、绿色化转型。"住房和城乡建设部建筑市场监管司有关负责人说。

3. 人民日报：推广智能建造发展绿色建筑 建筑业转型升级展新姿（2023年 11 月 15 日）

从住宅、学校、公园等"小而美"项目，到桥梁、铁路、机场等大型基建工程，近年来，我国建筑业建造能力不断增强，产业规模持续扩大。2022 年，行业总产值超 31 万亿元，增加值占 GDP 的比重达 6.9%，吸纳就业超过 5200 万人。

持续快速发展的同时，建筑业也存在着大而不强的问题，面临着提质增效、节能降耗等重要任务。新形势下，建筑业如何抓住新一轮科技革命和产业变革机遇，实现转型升级？记者进行了采访。

应用新产品新技术

建筑业与先进制造业、新一代信息技术深度融合发展

新疆西部，帕米尔高原慕士塔格峰附近，坐落着一排集装箱式的屋子，这是今年刚交付的全国首座"零海拔"天文观测站。尽管海拔高达 4500 多米、室外氧气浓度仅为平原地区的 55% 左右，但人在室内却没有头疼、失眠等高原反应。

奥秘在哪里？"'零海拔'建筑采用了增压气密技术，即提高建筑密闭性并向内部注入空气，使得气压和氧含量达到平原地区水平。"中国建筑先进技术研究院院长王开强介绍，"为做到这一点，项目首先要攻克高承压力难题，普通建筑每平方米承压只需几百公斤，'零海拔'建筑要达到 4 吨以上。"增压后，还得保障内部设施正常运转，密闭空间空气新鲜、环境舒适，这就需要借助传感、监测与控制等技术。

"'零海拔'建筑可以为长期在高原居住的人们提供健康保障，目前已应用在酒店、民居等场景，累计应用面积 2000 多平方米，未来通过定制化、一站式设计服务，市场将更加广阔。"王开强说。

坚持创新驱动，建筑企业不断拓宽市场，提高质量和效益。

辽宁沈阳市，300 多米高的写字楼正加紧施工，在顶层进行定位精测工作的技术人员，手中拿着一个文具盒大小的"神器"——超高层北斗高精度卫星定位接收机，它可以实现"600 米高度、2 毫米误差"的精准定位。

工程施工中，定位测量是否准确，关系到整个建筑的质量安全。建筑业过去通常采用激光铅直仪、钢尺等测量仪器，300 米以上建筑受强风、湍流等影响更大，容易出现更剧烈的楼体摆动，导致累积误差。

"前几年我们通过自主研发，攻克了超高层建筑高精度测量'卡脖子'难题。今年更新迭代的第三代设备，提升了抗干扰能力和稳定性，测量高度已达千米级。"中建一局测绘专家张胜良介绍，这一设备已走出国门，应用到全球超 50 个超高层项目中。

近年来，建筑业加快与先进制造业、新一代信息技术深度融合发展。新设备相继涌现：中国建筑研发的 X-MEN 机器人，可给建筑做"B 超"，将模型、图纸原位置投影到工地，辅助检查施工质量、校准机电管线位置；云端建造工厂，集成起重机、料场、智能机器人等，实现核心筒最快 4 天一层的施工进度。

新技术不断突破：中国建科研发的 BIM（建筑信息模型）数智设计软件马良 XCUBE，能提供几何造型、二三维协同、渲染模拟、数据智能等服务，实现 BIM 图形核心引擎和 BIM 基础软件国产化、产业化。

"我们也要看到行业'大而不强、小而不专'、企业盈利能力不高、同质化竞争等问题。"中国建筑业协会副会长景万认为，智能建造是推动建筑业由劳动密集型转向技术密集型的必经之路，要以推动智能建造与新型建筑工业化协同发展为动力，加强新技术、新产品的应用，构建行业核心竞争力。

推广新材料新工艺

全生命周期绿色低碳发展，全国累计建成绿色建筑面积超 100 亿平方米

建筑业是实施节能降碳的重点行业领域之一。据测算，建筑全过程能耗占全国能源消费总量的比重超过 45%。不少受访者认为，在实现"双碳"目标背景下，加快绿色建筑建设，转变建造方式，实现全生命周期的绿色低碳发展，是行业转型升级的重要方向。

广东深圳市，中建科技组合模块建筑（CMC）全球研发总部的施工现场，不见"支模板、绑钢筋"的场景。原来，机电、管线、幕墙等在工厂提前预制生产，一个个模块单元像"搭积木"一样吊装。"现场施工量减少至原来的 20%，工期可减少一半，建筑垃圾排放降了 70%，整体造价却不增加。"中建科技副总经理樊则森介绍。

施工更绿色，后期运行同样节能。樊则森说，项目一方面采用被动式技术，通过全遮阳、空气间层隔热等手段降低建筑冷热需求，减少用能负荷；另一方面应用高性能能源系统，将屋顶光伏发电储存并柔性使用，1200 平方米光伏板全年发电 22 万千瓦时，可再生能源利用率达 50%。

截至 2022 年底，全国累计建成绿色建筑面积超过 100 亿平方米，2022 年当年城镇新建绿色建筑占新建建筑的比例达到 90% 左右。北方地区完成既有居住建筑节能改造面积超过 18 亿平方米，惠及超过 2400 万户居民。

建筑全生命周期的低碳发展，离不开上游绿色建材的推广应用。安徽蚌埠市，我国最大的铜铟镓硒发电玻璃生产线有序运转，玻璃基板上均匀涂布 3 微米厚的铜铟镓硒薄膜，在弱光条件下也有较好的发电性能。"这条生产线每年能生产 300 兆瓦的发电玻璃，可以安装在 200 万平方米幕墙屋顶上，发出的电可供 10 万户家庭使用一年。"凯盛光伏常务副总经理王昌华介绍。

推广高强钢筋、高性能混凝土、结构保温一体化墙板等产品，鼓励发展性能优良的预制构件和部品部件……绿色建材正在各类建筑中得到更广泛应用。据测算，2022 年绿色建材产品营业收入近 1700 亿元，同比增长 20% 以上。

打造新场景新模式

开拓工业厂房、能源工程等新领域，提高产业链协作水平和管理效能

随着城市发展由大规模增量建设转为存量提质改造和增量结构调整并重，建筑业增势有所放缓。这一背景下，不少建筑业企业积极打造新场景、新模式，寻求新突破。

——开拓新场景，注入市场活力。

铝模拼装、钢筋绑扎、混凝土浇筑……在深圳南山智造红花岭基地城市更新项目工地，几十台大型施工机械忙碌作业，不久前，一栋近百米高的大型厂房完成首栋封顶，实现"工业上楼"。

"厂房采用'环形坡道 + 高架道路'设计，结构进行了高承重优化，装卸货可直通各楼层，将有效解决'设备不易上楼''高层厂房货运效率低'等问题，充分挖掘土地利用潜力。"中建二局项目负责人王刚介绍，今年以来，"工业上楼"等创新类项目成为新的业务增长点。

针对城市更新需求，中建一局构建一体化投资建设运营模式，推进历史街区保护更新等项目；抓住能源转型机遇，中建五局承建光伏发电、锂电池正极材料等项目……今年以来，中国建筑在高科技工业厂房、教育设施等公共建筑领域，以及铁路、水利、能源工程等领域新签合同额快速增长。前三季度，工业厂房领域新签合同额同比增长 57.3%，能源工程领域新签合同额同比增长 144.8%。

——开发新模式，提升管理效能。

点开"精采云"平台，水泥、粉煤灰、建筑钢材等建材一应俱全。输入型号、数量、进场时间等信息，便能快速匹配供应商。"以支撑架料为例，建造一栋建筑少则几百吨、多则上万吨，对于有几百个项目的建筑单位来说，要在短时间统筹很困难。"中建四局物流发展公司模架事业部总经理祝育川介绍，企业搭建数字化平台后，架料周转效率提升近3 倍。不仅如此，该企业还配建了智慧仓储基地，实现机械设施、物资数据等的智慧化管理，月均吞吐量从 2021 年的 0.5 万吨增长至现在的 1.5 万吨。

"建筑行业产业链长、涉及面广、关联度高。当前，业主、设计、施工、材料设备供应商、分包单位、运维各方协同性较差，缺乏统一的数据接口，导致产业链数据割裂，没有形成良性的协同机制。"景万认为，建筑业产业链上的相关方应共同构建行业生态系统，共享信息、深化合作、提升效率。

——拓展新区域，布局全球市场。

总占地面积约 50.5 万平方米，埃及新行政首都中央商务区项目有序推进；全线长约 170 公里，孟加拉国帕德玛大桥铁路连接线先通段通车，预计将直接惠及 8000 万人口……这些年，我国建筑业企业加快"走出去"，2022 年全国对外承包工程完成营业额1549.9 亿美元，较 2012 年增长 32.9%。

一些企业表示，近年来，国际工程行业竞争态势加剧，项目施工成本增加。要主动开展绿色、数字、创新等领域合作，持续优化专业服务，强化供应链韧性，提升竞争力。

推进建筑业高质量发展是一项系统工程。《"十四五"建筑业发展规划》提出，"十四五"时期，建筑业国民经济支柱产业地位更加稳固、产业链现代化水平明显提高、绿色低碳生产方式初步形成、建筑市场体系更加完善、工程质量安全水平稳步提升。

"建筑业迫切需要提升工业化、数字化、智能化水平，从'量'的扩张转向'质'的提升，走出一条内涵集约式发展新路。"景万表示。

4. 科技日报：看人工智能如何改变建筑行业（2023 年 4 月 3 日）

3 月 27 日，北京市住房和城乡建设委员会印发《北京市智能建造试点城市工作方案》。其中提出，到 2025 年末，北京将打造 5 家以上智能建造领军企业，建立 3 个以上智能建造创新中心，建立 2 个以上智能建造产业基地，重点建设张家湾设计小镇智能建造创新实践基地，打造通州、丰台智能建造产业集群，逐步实现建筑业企业数字化转型。

在科技赋能智慧升级征途上，"中国建造"正全力抢滩新赛道。

建筑业转型升级的必由之路

我国建筑业创造了诸多世界第一，但同时也面临着资源浪费较大、生产效益有待提升、劳务短缺以及由此带来的用工成本上升等问题。为此，推动建筑业高质量发展，实现智能建造，是建筑业转型升级的必由之路。

我国制定了一系列政策措施：《关于推动智能建造与建筑工业化协同发展的指导意见》提出，到2035年，我国迈入智能建造世界强国行列；《"十四五"建筑业发展规划》明确，"十四五"时期，我国要积极推进建筑机器人在生产、施工、维保等环节的典型应用，辅助和替代"危、繁、脏、重"施工工作；2022年11月，住房和城乡建设部将北京等24个城市列为智能建造试点城市，以科技创新推动建筑业转型发展。

对建筑行业产生深远影响

如今，人工智能已经广泛地运用到了建筑的多个层面，对整个建筑行业产生了深远的影响，它能够为建筑工程管理提供增值服务，例如可视化分析、风险预测、性能优化、过程挖掘、能源管理等。

据中国信息通信研究院院长余晓晖分析，我国在人工智能视觉应用方面较为领先。人工智能视觉识别技术在生活中最典型的应用就是人脸识别、车牌识别等，在建筑工程中可以用于执行检查和监控，在实时视频监控的同时执行结构部件识别、不安全行为和状态识别等任务。

在应用过程中，人工智能技术通过深度学习方法不断地自动处理、分析和理解图像或视频中的数据，还能够提高人工智能精准识别率，帮助施工单位更加精细、准确地了解现场施工状况。

同时，应用人工智能技术有助于弥补传统施工管理依赖人工观察和操作的缺陷。当前的主流做法是依靠终端设备搭载的人工智能识别技术自动记录数据并拍摄现场施工人员的施工状态、施工环境和施工进度；应用机器学习算法，及时收集建设项目的数据信息，将其集成到项目管理软件中，以便进行自动数据分析和决策。

这种高级分析有助于管理人员打破时空限制，全面了解建设项目各施工阶段的现场情况，同时可以快速发现潜在的施工问题。

人工智能技术除了被应用于收集施工现场数据外，还可以有效解决传统风险分析的局限性，解决专家经验和主观判断的模糊性和脆弱性问题。

依靠海量数据及建筑行业相关理论模型，人工智能可以对人的意识、思维过程进行模拟，通过相关算法分析提供对关键问题的辅助性和预测性见解，帮助项目经理针对潜在风险制定针对性的解决方案，进而确保工程质量。

此外，建筑工人在工作中容易发生坠落、触电等事故。利用人工智能技术能够实时监测工地现场以及设备的安全问题，并发出警报，提前告知风险。

新技术、新成果赋能智能建造

在我国智能建造领域，新技术、新成果正不断涌现。

人工智能不仅可以保障施工安全，还可以提高施工效率。例如，应用智能钢筋绑扎机器人绑扎飘窗钢筋网笼，实现钢筋自动夹取与结构搭建、钢筋视觉识别追踪与定位、钢筋节点自动化绑扎等功能，上海市嘉定新城金地菊园社区项目的绑扎效率是人工的 3 倍。

又如，采用人工智能技术辅助施工图审查，实现批量自动审查，重庆市万科四季花城项目的单张图纸审查时间平均约为 6 分钟，准确率达到 90% 以上。

人工智能已然成为推动智慧建筑发展的新动能。未来，它将持续释放融合发展的叠加效应、聚合效应、倍增效应，赋能建筑工程真正实现数字化、智能化。

5. 央视中国之声：信息技术＋建造技术，"人机共融"的智能建造体系长啥样？（2022 年 7 月 9 日）

住房和城乡建设部建筑市场监管司负责人近日表示，住房和城乡建设部正在征集遴选部分城市开展智能建造试点，为全面推进建筑业转型升级、推动高质量发展发挥示范引领作用。

2020 年 7 月，住房和城乡建设部等 13 部门联合出台《关于推动智能建造与建筑工业化协同发展的指导意见》。两年过去，7 个智能建造试点项目相继开展，5 大类 124 个创新服务典型案例集中发布。从"十四五"规划纲要明确提出"发展智能建造"，到智能建造试点城市拉开征集遴选大幕，智能建造正逐步从构想变为现实。

从人拉肩扛到智能装配，智能建造将如何引领建筑业高质量发展，又将为公众生活带来哪些实实在在的福利？

节约成本、缩短工期

智能建造大有可为

说起智能建造技术在广东深圳长圳公共住房及其附属工程项目的应用，中建科技副总经理樊则森如数家珍。他说，作为住房和城乡建设部首批智能建造试点项目之一，该项目在建筑产业互联网平台、建筑机器人和装配式建筑等智能建造相关技术加持之下，累计节约工程造价约 7500 万元，缩短约 10% 的总工期，有效提升了工程建设效率和效益。

樊则森：这个项目的智能建造应用是全链条的，从设计到工厂的生产制作、现场装配，全过程数字化应用。工程的精细化程度提高了，传统现浇结构是厘米级误差，这个是毫米级的误差。我们有一套无人化、数字化生产线，把生成的 BIM 模型输入系统，驱动机械臂，自动焊接钢筋网片、摆边模，半自动化浇筑形成楼板和墙板。免抹灰也是一大亮点，咱们很多外墙脱落就是抹灰；免抹灰就不脱落，建筑 50 年寿命肯定是一点问题没有。使用过程中，能给老百姓带来长寿命、高性能、高品质体验。

数字工地助力实体工地

复杂建筑"算出来"

樊则森所说的建筑信息模型（BIM）技术应用，可以在设计阶段提供可视化、参数化拼装方法，实现预制构件的智能拆分与拼装。与传统设计方式相比，采用这种技术的设计效率可提高 20% 以上，大幅减少"错漏碰缺"等现象发生，设计精度也大为提高。北京构力科技 BIM 软件事业部总经理陆中元表示，通过这项技术，相当于在工程建筑破土动工之前，另外开辟一条数字生产线。

陆中元：实际上是把工程建造跟信息技术、自动控制技术深度融合，两次建造——虚拟建造、实体建造，构建数字和物理两条生产线。在数字生产线上进行智能化设计、生产、调度、施工，通过数字工地跟实体工地的数字孪生，对机械、材料等进行感知和决策。二维的图纸很难模拟三维空间复杂情况，到施工的时候就会发现到处是碰撞。通过 BIM 技术就可以去虚拟建造，先在计算机上模拟一下这些管线，集成各个专业，事先就可以检查出并避免这些问题。

高大建筑工厂产

全生命周期有保障

如果说数字设计是给生产、施工提供锦囊妙计，那么后续环节的衔接配套，更是将锦囊付诸实践的关键。在广东惠州中建科工钢构件生产线上，桥梁、场馆、高层等建筑的钢结构部件在焊接机器人、工业互联网等先进技术助力下井然有序地完成生产。中建钢构智能制造研究院院长冯清川说，通过这条生产线，可以大幅减少对人工的依赖，构件制造品质也不断提升。

冯清川：原来传统生产方式属于手工、半自动化的生产，这条生产线是钢结构智能生产线。相同的产能，我们厂房面积用得比较少，土地利用率大幅提高；从用工数量上来看，最明显的就是下料车间，实现了 70% 的人员节省，整条生产线有 20% 的人员减少。

2022 年春节期间，北京冬奥会吸引了世界的目光。在新闻中频繁亮相的北京冬奥会主媒体中心（国家会议中心二期）的设计建造赢得了国际奥委会和全世界媒体人员的认可。国家会议中心二期项目智能建造负责人江伟说，项目应用大跨重载结构卸载过程和基于北斗系统的屋面滑移监测系统，辅助应用三维激光扫描及建筑机器人，圆满完成了这一在所有冬奥场馆中开工最晚、体量最大、任务最重的项目。

江伟：项目整体有 12.6 万吨的用钢量，相当于三个鸟巢这么大体量的钢构。我们通过研发监控系统，类似于人体的神经系统，在卸载过程中布置了将近400多个位移、应力检测点，实现数据实时采集、传输、存储和分析，通过施工阶段各工序，以及以后的服役阶段，各时间维度下结构全尺度全时段高精度的实测，为施工安全提供了坚实的数据支撑。

紧抓新一轮科技革命契机

智能建造"未来已来"

从试点项目，到典型案例，再到日前住房和城乡建设部印发《关于征集遴选智能建造试点城市的通知》，智能建造的宏伟蓝图正由点到面依次展开。中国工程院院士丁烈云表示，从国家到地方，我国正在紧抓新一轮科技革命契机，在智能建造领域大踏步前进，打造人机共融的智能建造体系。

丁烈云：智能建造就是人工智能技术与先进的建造技术深度融合所形成的一种创新的建造模式。新一轮科技革命，技术核心是人工智能、产业形态是数字经济。各个国家、各行各业都在思考怎样能抓住新一轮科技革命的历史机遇实现产业的转型升级，建造过程中怎样节约资源、提高效率、减少碳排放。第一次、第二次工业革命我们国家相对落后一点，但是这一次我们国家跟国外比，时间差在缩小，甚至一些领域还走在前面。

据了解，近日住房和城乡建设部征集遴选的智能建造试点城市名单将于今年下半年最终出炉，将为全面推进建筑业转型升级、推动高质量发展发挥示范引领作用。丁烈云表示，智能建造技术覆盖建筑设计、生产、施工、运维等全过程，必将极大改变建筑行业过去高耗能、重污染、工程质量参差不齐的弊端；同时，也将给使用者带来非同一般的高质量建筑空间享受。

丁烈云：北京大兴国际机场造型非常优美，它突破了欧几里得的平直几何逻辑，没有直线，都是黎曼几何的曲面逻辑。手机现在是智能终端，汽车正在成为智能终端，下一个我认为就是建筑智能终端。人至少有85%的时间在建筑里面生活、学习、工作，建筑根据人的舒适度来调节温度、湿度；老年人如果摔倒，有一套感知系统知道这个人处于什么状态，通知他的亲人、社会服务机构进行及时处理。其实它不完全是一个长远的愿景、展望，我们已经在开始实施了，而且取得了显著的成效，未来已来。

六、智能建造发展趋势及未来展望

（一）国外智能建造发展趋势及未来展望

麦肯锡研究报告显示，近二十年，全球建筑业劳动生产率年增长不到1%，远低于全球经济生产率年增长的2.8%，由于标准化和数字化程度低、新技术发展缓慢，尽管业绩增长较快，但利润低、风险高、工期延误、预算超支和冗长的索赔程序降低了行业满意度，普遍面临发展智能建造推动建筑业转型的迫切需求。参考飞机制造业、造船业、汽车制造业等行业发展智能制造的经验，未来智能建造发展将呈现6方面的趋势。

1. 工程建设将由基于项目转变为基于产品

企业将倾向于将工程建造和附加服务作为标准化的产品来交付和销售，通过研发设计标准化的模块和构件，然后与定制选项进行组合以满足定制要求。为进行重复有效的建造和改进，开发人员、制造商和承包商将需要专注于细分终端用户。通过BIM技术在工程全生命周期的应用，可以打通传统模式下设计环节与生产、施工环节的堵点，催生由用户需求数据驱动的商业模式，这一过程可能类似于造船业或汽车制造业。

2. 工业化和自动化技术将得到广泛应用

麦肯锡的调查显示87%的受访者认为技能型劳动力短缺将对建筑行业产生重大影响，而通过工业化和自动化减少用工是解决这一问题的重要途径。在新冠肺炎疫情期间，基于产品的工业化建造方式体现了巨大的应用价值，通过使用模块化组件的生产系统、自动化制造和支持现场执行的机器人，使得工程建造更接近汽车制造。工业化将大大提高工程建设标准化程度，在提升生产率的同时，也进一步增强了企业扩大规模的可能性和重要性，将引发企业在价值链上进行垂直整合，并进行国际扩张。此外，未来通过与新型建筑材料和数字化技术的结合，可以使工程建造质量、可变性和效率达到更高水平。

3. 工程建设数字化水平将快速提升

一是实现更为清晰的测量和地理定位。通过集成应用高清摄影、3D 激光扫描、GIS 和无人机等技术，显著提高了测量精度和速度，并将数据用于项目设计和建设。二是 5D 建筑信息模型技术将充分展现优势。除了三维空间设计参数外，还加入了项目成本和进度，以方便识别、分析和记录项目成本和进度变化带来的影响，进而优化决策、降低风险。三是实现工程建造全流程数字化。通过平板电脑和手持设备等移动终端，各参与方可以实时分享查看信息，以确保透明度和协作、及时的进展和风险评估，以及更好的质量和成本控制。四是建筑工地将变得更智能。通过物联网平台，传感器、无线射频、人工智能等技术使设备和资产能够通过相互连接变得可感知、可跟踪、可预测、可优化。如施工阶段可使用振动传感器来测试结构的强度和可靠性，可以检测出缺陷，并及早纠正。

4. 工程建设价值链和供应链将重塑

数字技术将推动工程建造产业链逐步转向在线平台，端到端软件平台将使建设方更好地控制和整合价值链和供应链。一是定价方式将由直接建造成本转变为全生命周期综合成本。未来拥有成熟数字化管理模式的公司能够在没有实体工厂的情况下通过建筑产业互联网控制工程建造全过程，并以全生命周期综合成本对产品进行定价，而不是采用当前直接成本加成法。二是使用数字工具可以显著改善现场协作。通过基于云的项目管理平台和传感器、可穿戴设备等，可以实现远程实时施工管理，进一步提高施工效率。三是数字化使得通过网络购买和销售建筑材料、设备和专业服务等成为可能，将显著提高建筑价值链上的货物买卖效率，重塑建筑物流体系，改善客户和供应商及项目价值链各参与方的互动。

5. 基于智能建造的工程项目将实现更高效的运营维护

集成物联网等新一代信息技术的智能建造和基础设施将提高数据可用性，物联网传感器和通信技术使公司能够跟踪和监控利用率、能源效率和维护需求。通过使用 BIM 技术，业主和运营商可以创建一个虚拟的三维模型，在一个完整的建筑中使用的所有组件上都可进行精确快速跟踪，可以提高效率并降低维护成本。

6. 智能建造新技术新设备的研发投入将大幅增长

发展智能建造将推动工程建造与工业化、数字化技术的深度融合，意味着创新将成为企业竞争优势的重要来源，建筑业企业将加大在工厂、制造机械和设备（如自动化制造的机器人技术）和技术方面的研发投入。根据麦肯锡对2500家公司的调研数据，建筑领域的研发支出约占净销售额的1.4%，虽仍落后于其他行业的4.1%，但自2013年以来研发支出增加了35%，高于行业平均水平的25%。近86%的受访者认为，随着建筑业工业化和数字化的实施效益逐步显现，未来建筑企业将进一步加大对新技术和设备的投资，近72%的受访者认为，这可能会在未来五年内实现。

（二）国内智能建造发展趋势及未来展望

"十四五"时期是新发展阶段的起步期，也是实施城市更新行动、推进新型城镇化建设的机遇期，还是加快建筑业转型发展的关键期。建筑业将由大规模增量建设转为存量提升改造和增量结构调整并重，29万亿元产值的超大规模建筑市场为智能建造发展提供了更广阔的空间、更丰富的应用场景和更多的试错机会，亟需通过发展智能建造提升工业化、数字化、智能化水平，实现质的稳步提升和量的合理增长。

面向中长期发展，一方面，建筑业将通过发展智能建造，牢牢把握新一轮科技革命和产业革命的契机，提升工业化、数字化、智能化水平，促进工程建设高效益、高质量、低消耗、低排放，形成战略性新兴产业，实现质的稳步提升。另一方面，智能建造要充分利用城市更新为建筑业提供的重要增长空间，以科技创新更好支撑城市更新战略，不断改善人民群众居住条件，实现量的合理增长。在此背景下，我们认为国内智能建造将呈现五个方面的发展趋势。

1. 从发展目标看，"提品质、降成本"将成为行业主旋律

住房和城乡建设部智能建造工作现场会强调，要从服务新发展格局的高度去认识智能建造，以建造好房子为目标去发展智能建造，按照市场化、法治化原则去推广智能建造，

加快形成一套行之有效的经验模式。为深入贯彻住房和城乡建设部智能建造工作现场会会议精神，各地将围绕"提品质、降成本"的目标方向，加大智能建造政策支持力度，明确智能建造试点项目、技术体系和标准体系的引导方向，通过科技赋能提高工程建设的品质和效益，为社会提供高品质的建筑产品。

2. 从实施主体看，企业将成为智能建造科技创新的主体

住房和城乡建设部智能建造工作现场会强调，试点城市要把培育龙头企业作为重点工作任务，争取到试点结束时，在本地区培育出几家具备智能建造关键核心技术和系统解决方案能力的骨干企业，同时培育一批"专精特"新领域的中小企业，成为新时期推动建筑业高质量发展的骨干力量。在此背景下，住房和城乡建设部将进一步加强企业主导的产学研深度融合，推动实施一批具有战略性全局性前瞻性的智能建造重大科技攻关项目。未来，更多智能建造科技研发任务将由企业提出、由企业研发、由企业产业化，企业作为智能建造科技创新出题人和阅卷人的作用将进一步强化，最终形成企业主导、政府引导、上中下游衔接、大中小企业协同的智能建造科技创新体系。

3. 从推广应用看，技术应用深度和广度将进一步扩展

人工智能作为新一轮科技革命和产业变革的核心技术，将深刻影响智能建造技术研发和应用。随着人工智能技术的日益成熟，智能建造的技术应用深度将逐步从感知和替代阶段，转向智能阶段，即从"扩大人的视野、扩展感知能力"和"替代人工协助完成以前无法完成或风险很大的工作"的作用逐渐转为"借助人工智能'类人'思考能力，大部分替代人在建筑生产过程和管理过程的参与，由智能化的系统来指挥和管理智能设备"。同时，随着智能建造技术产品日益成熟，其购买和使用价格也将随之下降，将有利于智能建造向更多领域、更多企业、更多项目推广使用，逐步实现成熟技术产品的规模化应用。

4. 从实施效益看，赋能好房子建设的效益将日益显著

随着数字设计、智能生产、智能施工、智能建造装备、建筑产业互联网等技术创新成果的普及应用，发展智能建造将通过好设计、好材料、好施工，赋能好房子建设，让群众得实惠、企业真受益、行业更规范。比如，在设计上，通过三维仿真设计充分论证设计方案的合理性，提升建筑采光、通风、温度等居住的安全性和舒适性；在材料上，通过智能

生产实现关键材料质量可追溯，避免不合格建筑材料流入建筑工地；在建造上，通过智能建造装备和产业互联网提升建筑工业化和数字化水平，实现像造汽车一样造房子；在使用上，通过交付三维建筑信息模型提供详实的房屋档案，为开展房屋体检提供依据。

5. 从产业发展看，智能建造高新技术产业集群将逐步形成

智能建造产业具有科技含量高、产业关联度大、带动能力强等特点，涵盖工程软件、工程物联网、工程大数据、智能建造装备制造、建筑产业互联网、数字设计服务、智能生产制造、智能施工管理、智慧运维服务、系统集成和整体方案服务等内容。目前，深圳、苏州、长沙等制造业强市已纷纷把智能建造作为战略性新兴产业，由市人民政府牵头推动产业融合发展。下一步，随着智能建造产业创新生态逐步形成、产业链断点堵点逐个打通，建筑业与先进制造业、信息技术产业将实现深度融合发展，为稳增长扩内需、做强做优做大数字经济、壮大地方经济发展新动能提供重要支撑。

附录 A 智能建造工作大事记

1. 2020 年 7 月，住房和城乡建设部、国家发展和改革委员会、科学技术部、工业和信息化部等 13 部门发布《关于推动智能建造与建筑工业化协同发展的指导意见》。

2. 2021 年 2 月，住房和城乡建设部办公厅发布《关于同意开展智能建造试点的函》，同意将上海、重庆、广东的 7 个工程项目列为住房和城乡建设部智能建造试点项目。

3. 2021 年 3 月，《中华人民共和国国民经济和社会发展第十四个五年规划和 2035 年远景目标纲要》提出"发展智能建造"。

4. 2021 年 3 月，国家发展和改革委员会、住房和城乡建设部等 28 部门印发《加快培育新型消费实施方案》，提出推动智能建造与建筑工业化协同发展，建设建筑产业互联网，推广钢结构装配式等新型建造方式，加快发展"中国建造"。

5. 2021 年 7 月，中共中央办公厅、国务院办公厅印发《关于推动城乡建设绿色发展的意见》，提出推动智能建造和建筑工业化协同发展。

6. 2021 年 7 月，住房和城乡建设部办公厅发布《关于印发智能建造与新型建筑工业化协同发展可复制经验做法清单（第一批）的通知》。

7. 2021 年 9 月，工业和信息化部、住房和城乡建设部等 8 部门印发《物联网新型基础设施建设三年行动计划（2021—2023 年）》，提出加快智能传感器、射频识别（RFID）、二维码、近场通信、低功耗广域网等物联网技术在建材部品生产采购运输、BIM 协同设计、智慧工地、智慧运维、智慧建筑等方面的应用。

8. 2021 年 9 月，住房和城乡建设部建筑市场监管司会同工业和信息化部装备工业一司，组织召开推进建筑机器人研发应用工作交流会。

9. 2021 年 10 月，中共中央、国务院印发《国家标准化发展纲要》，提出推动智能建造标准化，完善建筑信息模型技术、施工现场监控等标准。

10．2021年11月，住房和城乡建设部办公厅发布《关于发布智能建造新技术新产品创新服务典型案例（第一批）的通知》。

11．2021年11月，《"十四五"信息通信行业发展规划》，提出推动智能建造与建筑工业化协同发展，实施智能建造能力提升工程，培育智能建造产业基地，建设建筑业大数据平台，实现智能生产、智能设计、智慧施工和智慧运维。

12．2021年12月，工业和信息化部、国家发展和改革委员会、住房和城乡建设部等15部门印发《"十四五"机器人产业发展规划》，提出研制建筑部品部件智能化生产、测量、材料配送、钢筋加工、混凝土浇筑、楼面墙面装饰装修、构部件安装、焊接等建筑机器人。

13．2022年1月，住房和城乡建设部印发《"十四五"建筑业发展规划》，明确"十四五"期间发展智能建造的重点任务。

14．2022年3月，住房和城乡建设部发布《"十四五"住房和城乡建设科技发展规划》，明确"十四五"期间智能建造与新型建筑工业化技术创新方向。

15．2022年6月，住房和城乡建设部、国家发展和改革委员会印发《城乡建设领域碳达峰实施方案》，提出推广智能建造，到2030年培育100个智能建造产业基地，打造一批建筑产业互联网平台，形成一系列建筑机器人标志性产品。

16．2022年10月，住房和城乡建设部发布《关于公布智能建造试点城市的通知》。

17．2022年12月，住房和城乡建设部科技与产业化发展中心在深圳长圳公共住房项目召开智能建造试点项目远程观摩会。

18．2023年1月，工业和信息化部、住房和城乡建设部等17部门印发《"机器人+"应用行动实施方案》，将建筑领域作为深化"机器人+"应用的十大重点领域之一。

19．2023年2月，中共中央、国务院印发《质量强国建设纲要》，提出推广先进建造设备和智能建造方式，提升建设工程的质量和安全性能。

20．2023年3月，住房和城乡建设部建筑市场监管司在苏州召开智能建造试点工作推进会。

21．2023年6月，住房和城乡建设部办公厅发布《关于开展智能建造新技术新产品创新服务典型案例应用情况总结评估工作的通知》。

22．2023年11月，住房城乡建设部办公厅发布《关于印发发展智能建造可复制经验做法清单（第二批）的通知》。

23．2023年11月，住房和城乡建设部在浙江省温州市召开智能建造工作现场会。

24．2024年4月，住房城乡建设部办公厅发布《关于印发发展智能建造可复制经验做法清单（第三批）的通知》。

25．2024 年 4 月，住房和城乡建设部建筑市场监管司在深圳召开智能建造试点工作推进会。

26．2024 年 6 月，住房和城乡建设部办公厅发布《关于智能建造试点城市 2023 年度工作情况的通报》。

附录B　智能建造相关政策文件

住房和城乡建设部等部门关于推动
智能建造与建筑工业化协同发展的指导意见

建市〔2020〕60号

各省、自治区、直辖市及计划单列市、新疆生产建设兵团住房和城乡建设厅（委、管委、局）、发展改革委、科技厅（局）、工业和信息化厅（局）、人力资源社会保障厅（局）、生态环境厅（局）、交通运输厅（局、委）、水利厅（局）、市场监管局，北京市规划和自然资源委，国家税务总局各省、自治区、直辖市和计划单列市税务局，各银保监局，各地区铁路监督管理局，民航各地区管理局：

　　建筑业是国民经济的支柱产业，为我国经济持续健康发展提供了有力支撑。但建筑业生产方式仍然比较粗放，与高质量发展要求相比还有很大差距。为推进建筑工业化、数字化、智能化升级，加快建造方式转变，推动建筑业高质量发展，制定本指导意见。

一、指导思想

　　以习近平新时代中国特色社会主义思想为指导，全面贯彻党的十九大和十九届二中、三中、四中全会精神，增强"四个意识"，坚定"四个自信"，做到"两个维护"，坚持稳中求进工作总基调，坚持新发展理念，坚持以供给侧结构性改革为主线，围绕建筑业高质量发展总体目标，以大力发展建筑工业化为载体，以数字化、智能化升级为动力，创新突破相关核心技术，加大智能建造在工程建设各环节应用，形成涵盖科研、设计、生产加工、施工装配、运营等全产业链融合一体的智能建造产业体系，提升工程质量安全、效益和品质，有效拉动内需，培育国民经济新的增长点，实现建筑业转型升级和持续健康发展。

二、基本原则

市场主导，政府引导。充分发挥市场在资源配置中的决定性作用，强化企业市场主体地位，积极探索智能建造与建筑工业化协同发展路径和模式，更好发挥政府在顶层设计、规划布局、政策制定等方面的引导作用，营造良好发展环境。

立足当前，着眼长远。准确把握新一轮科技革命和产业变革趋势，加强战略谋划和前瞻部署，引导各类要素有效聚集，加快推进建筑业转型升级和提质增效，全面提升智能建造水平。

跨界融合，协同创新。建立健全跨领域跨行业协同创新体系，推动智能建造核心技术联合攻关与示范应用，促进科技成果转化应用。激发企业创新创业活力，支持龙头企业与上下游中小企业加强协作，构建良好的产业创新生态。

节能环保，绿色发展。在建筑工业化、数字化、智能化升级过程中，注重能源资源节约和生态环境保护，严格标准规范，提高能源资源利用效率。

自主研发，开放合作。大力提升企业自主研发能力，掌握智能建造关键核心技术，完善产业链条，强化网络和信息安全管理，加强信息基础设施安全保障，促进国际交流合作，形成新的比较优势，提升建筑业开放发展水平。

三、发展目标

到 2025 年，我国智能建造与建筑工业化协同发展的政策体系和产业体系基本建立，建筑工业化、数字化、智能化水平显著提高，建筑产业互联网平台初步建立，产业基础、技术装备、科技创新能力以及建筑安全质量水平全面提升，劳动生产率明显提高，能源资源消耗及污染排放大幅下降，环境保护效应显著。推动形成一批智能建造龙头企业，引领并带动广大中小企业向智能建造转型升级，打造"中国建造"升级版。

到 2035 年，我国智能建造与建筑工业化协同发展取得显著进展，企业创新能力大幅提升，产业整体优势明显增强，"中国建造"核心竞争力世界领先，建筑工业化全面实现，迈入智能建造世界强国行列。

四、重点任务

（一）加快建筑工业化升级

大力发展装配式建筑，推动建立以标准部品为基础的专业化、规模化、信息化生产体系。加快推动新一代信息技术与建筑工业化技术协同发展，在建造全过程加大建筑信息模型（BIM）、互联网、物联网、大数据、云计算、移动通信、人工智能、区块链等新技术的集成与创新应用。大力推进先进制造设备、智能设备及智慧工地相关装备的研发、制造和推广应用，提升各类施工机具的性能和效率，提高机械化施工程度。加快传感器、高速移动通信、无线射频、近场通信及二维码识别等建筑物联网技术应用，提升数据资源利用水平和信息服务能力。加快打造建筑产业互联网平台，推广应用钢结构构件智能制造生产线和预制混凝土构件智能生产线。

（二）加强技术创新

加强技术攻关，推动智能建造和建筑工业化基础共性技术和关键核心技术研发、转移扩散和商业化应用，加快突破部品部件现代工艺制造、智能控制和优化、新型传感感知、工程质量检测监测、数据采集与分析、故障诊断与维护、专用软件等一批核心技术。探索具备人机协调、自然交互、自主学习功能的建筑机器人批量应用。研发自主知识产权的系统性软件与数据平台、集成建造平台。推进工业互联网平台在建筑领域的融合应用，建设建筑产业互联网平台，开发面向建筑领域的应用程序。加快智能建造科技成果转化应用，培育一批技术创新中心、重点实验室等科技创新基地。围绕数字设计、智能生产、智能施工，构建先进适用的智能建造及建筑工业化标准体系，开展基础共性标准、关键技术标准、行业应用标准研究。

（三）提升信息化水平

推进数字化设计体系建设，统筹建筑结构、机电设备、部品部件、装配施工、装饰装修，推行一体化集成设计。积极应用自主可控的BIM技术，加快构建数字设计基础平台和集成系统，实现设计、工艺、制造协同。加快部品部件生产数字化、智能化升级，推广应用数字化技术、系统集成技术、智能化装备和建筑机器人，实现少人甚至无人工厂。加快人机智能交互、智能物流管理、增材制造等技术和智能装备的应用。以钢筋制作安装、模具安拆、混凝土浇筑、钢构件下料焊接、隔墙板和集成厨卫加工等工厂生产关键工艺环节为重点，推进工艺流程数字化和建筑机器人应用。以企业资源计划（ERP）平台为基础，进一步推动向生产管理子系统的延伸，实现工厂生产的信息化管理。推动在材料配送、钢筋加工、喷涂、铺贴地砖、安装隔墙板、高空焊接等现场施工环节，加强建筑机器人和智能控造楼机等一体化施工设备的应用。

（四）培育产业体系

探索适用于智能建造与建筑工业化协同发展的新型组织方式、流程和管理模式。加快培育具有智能建造系统解决方案能力的工程总承包企业，统筹建造活动全产业链，推动企业以多种形式紧密合作、协同创新，逐步形成以工程总承包企业为核心、相关领先企业深度参与的开放型产业体系。鼓励企业建立工程总承包项目多方协同智能建造工作平台，强化智能建造上下游协同工作，形成涵盖设计、生产、施工、技术服务的产业链。

（五）积极推行绿色建造

实行工程建设项目全生命周期内的绿色建造，以节约资源、保护环境为核心，通过智能建造与建筑工业化协同发展，提高资源利用效率，减少建筑垃圾的产生，大幅降低能耗、物耗和水耗水平。推动建立建筑业绿色供应链，推行循环生产方式，提高建筑垃圾的综合利用水平。加大先进节能环保技术、工艺和装备的研发力度，提高能效水平，加快淘汰落后装备设备和技术，促进建筑业绿色改造升级。

（六）开放拓展应用场景

加强智能建造及建筑工业化应用场景建设，推动科技成果转化、重大产品集成创新和示范应用。发挥重点项目以及大型项目示范引领作用，加大应用推广力度，拓宽各类技术的应用范围，初步形成集研发设计、数据训练、中试应用、科技金融于一体的综合应用模式。发挥龙头企业示范引领作用，在装配式建筑工厂打造"机器代人"应用场景，推动建立智能建造基地。梳理已经成熟应用的智能建造相关技术，定期发布成熟技术目录，并在基础条件较好、需求迫切的地区，率先推广应用。

（七）创新行业监管与服务模式

推动各地加快研发适用于政府服务和决策的信息系统，探索建立大数据辅助科学决策和市场监管的机制，完善数字化成果交付、审查和存档管理体系。通过融合遥感信息、城市多维地理信息、建筑及地上地下设施的 BIM、城市感知信息等多源信息，探索建立表达和管理城市三维空间全要素的城市信息模型（CIM）基础平台。建立健全与智能建造相适应的工程质量、安全监管模式与机制。引导大型总承包企业采购平台向行业电子商务平台转型，实现与供应链上下游企业间的互联互通，提高供应链协同水平。

五、保障措施

（一）加强组织实施

各地要建立智能建造和建筑工业化协同发展的体系框架，因地制宜制定具体实施方案，明确时间表、路线图及实施路径，强化部门联动，建立协同推进机制，落实属地管理责任，确保目标完成和任务落地。

（二）加大政策支持

各地要将现有各类产业支持政策进一步向智能建造领域倾斜，加大对智能建造关键技术研究、基础软硬件开发、智能系统和设备研制、项目应用示范等的支持力度。对经认定并取得高新技术企业资格的智能建造企业可按规定享受相关优惠政策。企业购置使用智能建造重大技术装备可按规定享受企业所得税、进口税收优惠等政策。推动建立和完善企业投入为主体的智能建造多元化投融资体系，鼓励创业投资和产业投资投向智能建造领域。各相关部门要加强跨部门、跨层级统筹协调，推动解决智能建造发展遇到的瓶颈问题。

（三）加大人才培育力度

各地要制定智能建造人才培育相关政策措施，明确目标任务，建立智能建造人才培养和发展的长效机制，打造多种形式的高层次人才培养平台。鼓励骨干企业和科研单位依托重大科研项目和示范应用工程，培养一批领军人才、专业技术人员、经营管理人员和产业工人队伍。加强后备人才培养，鼓励企业和高等院校深化合作，为智能建造发展提供人才后备保障。

（四）建立评估机制

各地要适时对智能建造与建筑工业化协同发展相关政策的实施情况进行评估，重点评估智能建造发展目标落实与完成情况、产业发展情况、政策出台情况、标准规范编制情况等，并通报结果。

（五）营造良好环境

要加强宣传推广，充分发挥相关企事业单位、行业学协会的作用，开展智能建造的政策宣传贯彻、技术指导、交流合作、成果推广。构建国际化创新合作机制，加强国际交流，推进开放合作，营造智能建造健康发展的良好环境。

中华人民共和国住房和城乡建设部
中华人民共和国国家发展和改革委员会
中华人民共和国科学技术部
中华人民共和国工业和信息化部
中华人民共和国人力资源和社会保障部

中华人民共和国生态环境部

中华人民共和国交通运输部

中华人民共和国水利部

国家税务总局

国家市场监督管理总局

中国银行保险监督管理委员会

国家铁路局

中国民用航空局

2020 年 7 月 3 日

《"十四五"建筑业发展规划》
相关内容

三、主要任务

（一）加快智能建造与新型建筑工业化协同发展

1. 完善智能建造政策和产业体系

实施智能建造试点示范创建行动，发展一批试点城市，建设一批示范项目，总结推广可复制政策机制。加强基础共性和关键核心技术研发，构建先进适用的智能建造标准体系。发布智能建造新技术新产品创新服务典型案例，编制智能建造白皮书，推广数字设计、智能生产和智能施工。培育智能建造产业基地，加快人才队伍建设，形成涵盖科研、设计、生产加工、施工装配、运营等全产业链融合一体的智能建造产业体系。

2. 夯实标准化和数字化基础

完善模数协调、构件选型等标准，建立标准化部品部件库，推进建筑平面、立面、部品部件、接口标准化，推广少规格、多组合设计方法，实现标准化和多样化的统一。加快推进建筑信息模型（BIM）技术在工程全寿命期的集成应用，健全数据交互和安全标准，强化设计、生产、施工各环节数字化协同，推动工程建设全过程数字化成果交付和应用。

专栏 1　BIM 技术集成应用

2025 年，基本形成 BIM 技术框架和标准体系。

1. 推进自主可控 BIM 软件研发。积极引导培育一批 BIM 软件开发骨干企业和专业人才，保障信息安全。

2. 完善 BIM 标准体系。加快编制数据接口、信息交换等标准，推进 BIM 与生产管理系统、工程管理信息系统、建筑产业互联网平台的一体化应用。

---

3. 引导企业建立 BIM 云服务平台。推动信息传递云端化，实现设计、生产、施工环节数据共享。

4. 建立基于 BIM 的区域管理体系。研究利用 BIM 技术进行区域管理的标准、导则和平台建设要求，建立应用场景，在新建区域探索建立单个项目建设与区域管理融合的新模式，在既有建筑区域探索基于现状的快速建模技术。

5. 开展 BIM 报建审批试点。完善 BIM 报建审批标准，建立 BIM 辅助审查审批的信息系统，推进 BIM 与城市信息模型（CIM）平台融通联动，提高信息化监管能力。

3. 推广数字化协同设计

应用数字化手段丰富方案创作方法，提高建筑设计方案创作水平。鼓励大型设计企业建立数字化协同设计平台，推进建筑、结构、设备管线、装修等一体化集成设计，提高各专业协同设计能力。完善施工图设计文件编制深度要求，提升精细化设计水平，为后续精细化生产和施工提供基础。研发利用参数化、生成式设计软件，探索人工智能技术在设计中应用。研究应用岩土工程勘测信息挖掘、集成技术和方法，推进勘测过程数字化。

4. 大力发展装配式建筑

构建装配式建筑标准化设计和生产体系，推动生产和施工智能化升级，扩大标准化构件和部品部件使用规模，提高装配式建筑综合效益。完善适用不同建筑类型装配式混凝土建筑结构体系，加大高性能混凝土、高强钢筋和消能减震、预应力技术集成应用。完善钢结构建筑标准体系，推动建立钢结构住宅通用技术体系，健全钢结构建筑工程计价依据，以标准化为主线引导上下游产业链协同发展。积极推进装配化装修方式在商品住房项目中的应用，推广管线分离、一体化装修技术，推广集成化模块化建筑部品，促进装配化装修与装配式建筑深度融合。大力推广应用装配式建筑，积极推进高品质钢结构住宅建设，鼓励学校、医院等公共建筑优先采用钢结构。培育一批装配式建筑生产基地。

5. 打造建筑产业互联网平台

加大建筑产业互联网平台基础共性技术攻关力度，编制关键技术标准、发展指南和白皮书。开展建筑产业互联网平台建设试点，探索适合不同应用场景的系统解决方案，培育一批行业级、企业级、项目级建筑产业互联网平台，建设政府监管平台。鼓励建筑企业、互联网企业和科研院所等开展合作，加强物联网、大数据、云计算、人工智能、区块链等新一代信息技术在建筑领域中的融合应用。

专栏 2　建筑产业互联网平台建设

2025 年，建筑产业互联网平台体系初步形成，培育一批行业级、企业级、项目级平台和政府监管平台。

1. 加快建设行业级平台。围绕部品部件生产采购配送、工程机械设备租赁、建筑劳务用工、装饰装修等重点领域推进行业级建筑产业互联网平台建设，提高供应链协同水平，推动资源高效配置。

2. 积极培育企业级平台。发挥龙头企业示范引领作用，以企业资源计划（ERP）平台为基础，建设企业级建筑产业互联网平台，实现企业资源集约调配和智能决策，提升企业运营管理效益。

3. 研发应用项目级平台。以智慧工地建设为载体推广项目级建筑产业互联网平台，运用信息化手段解决施工现场实际问题，强化关键环节质量安全管控，提升工程项目建设管理水平。

4. 探索建设政府监管平台。完善全国建筑市场监管公共服务平台，推动各地研发基于建筑产业互联网平台的政府监管平台，汇聚整合建筑业大数据资源，支撑市场监测和数据分析功能，探索建立大数据辅助科学决策和市场监管的机制。

---

6. 加快建筑机器人研发和应用

加强新型传感、智能控制和优化、多机协同、人机协作等建筑机器人核心技术研究，研究编制关键技术标准，形成一批建筑机器人标志性产品。积极推进建筑机器人在生产、施工、维保等环节的典型应用，重点推进与装配式建筑相配套的建筑机器人应用，辅助和替代"危、繁、脏、重"施工作业。推广智能塔式起重机、智能混凝土泵送设备等智能化工程设备，提高工程建设机械化、智能化水平。

专栏3　建筑机器人研发应用

2025 年，形成一批建筑机器人标志性产品，实现部分领域批量化应用。

1. 推广部品部件生产机器人。以混凝土预制构件制作、钢构件下料焊接、隔墙板和集成厨卫生产等工厂生产关键工艺环节为重点，推进建筑机器人创新应用。

2. 加快研发施工机器人。以测量、材料配送、钢筋加工、混凝土浇筑、构部件安装、楼面墙面装饰装修、高空焊接、深基坑施工等现场施工环节为重点，加快建筑机器人研发应用。

3. 积极探索运维机器人。在建筑安全监测、安防巡检、高层建筑清洁等运维环节，加强建筑机器人应用场景探索。

7. 推广绿色建造方式

持续深化绿色建造试点工作，提炼可复制推广经验。开展绿色建造示范工程创建行动，提升工程建设集约化水平，实现精细化设计和施工。培育绿色建造创新中心，加快推进关键核心技术攻关及产业化应用。研究建立绿色建造政策、技术、实施体系，出台绿色建造技术导则和计价依据，构建覆盖工程建设全过程的绿色建造标准体系。在政府投资工程和大型公共建筑中全面推行绿色建造。积极推进施工现场建筑垃圾减量化，推动建筑废弃物的高效处理与再利用，探索建立研发、设计、建材和部品部件生产、施工、资源回收再利用等一体化协同的绿色建造产业链。

专栏 4　建筑垃圾减量化

2025 年，各地区建筑垃圾减量化工作机制进一步完善，实现新建建筑施工现场建筑垃圾（不包括工程渣土、工程泥浆）排放量每万平方米不高于 300 吨，其中装配式建筑排放量不高于 200 吨。

1. 完善制度和标准体系。构建依法治废、源头减量、资源利用制度体系和建筑垃圾分类、收集、统计、处置及再生利用标准体系。探索建立施工现场建筑垃圾排放量公示制度，研究建筑垃圾资源化产品准入与保障机制。

2. 推动技术和管理创新。支持开展建筑垃圾减量化技术和管理创新研究，打造一批技术转化平台，形成基础研究、技术攻关、成果产业化的建筑垃圾治理全过程创新生态链。

3. 提升建筑垃圾信息化管理水平。引导和推广建立建筑垃圾管理平台。构建全程覆盖、精细高效的监管体系，实现建筑垃圾可量化、可追踪的全过程闭合管理。

住房和城乡建设部办公厅关于
发布智能建造新技术新产品创新服务典型
案例（第一批）的通知

建办市函〔2021〕482 号

各省、自治区住房和城乡建设厅，直辖市住房和城乡建设（管）委，北京市规划和自然资源委，新疆生产建设兵团住房和城乡建设局：

按照《住房和城乡建设部等部门关于推动智能建造与建筑工业化协同发展的指导意见》（建市〔2020〕60 号）要求，为总结推广智能建造可复制经验做法，指导各地住房和城乡建设主管部门和企业全面了解、科学选用智能建造技术和产品，经企业申报、地方推荐、专家评审，确定 124 个案例为第一批智能建造新技术新产品创新服务典型案例（案例集可在住房和城乡建设部门户网站上查询）。现予以发布，请结合实际学习借鉴。

附件：智能建造新技术新产品创新服务典型案例清单（第一批）

住房和城乡建设部办公厅

2021 年 11 月 22 日

附件

智能建造新技术新产品创新服务典型案例清单（第一批）

一、自主创新数字化设计软件典型案例

序号	案例名称	申报单位	推荐单位
1	基于 BIM 的装配式建筑设计软件 PKPM-PC 的应用实践	北京构力科技有限公司	北京市住房和城乡建设委员会
2	"打扮家" BIM 设计软件在家装设计项目中的应用	打扮家（北京）科技有限公司	
3	BIM 全流程协同工作平台在北京市城市轨道交通工程中的应用	北京市轨道交通建设管理有限公司 北京市轨道交通设计研究院有限公司	北京市规划和自然资源委员会
4	工程建设项目三维电子报建平台在北京城市副中心的应用	中设数字技术股份有限公司	
5	中国建设科技集团工程项目协同设计与全过程管理平台	中设数字技术股份有限公司	
6	"天磁" BIM 模型轻量化软件在协同设计中的应用	上海交通大学	
7	"同磊" 3D3S Solid 软件在钢结构深化设计中的应用	上海同磊土木工程技术有限公司	上海市住房和城乡建设管理委员会
8	"黑洞" 三维图形引擎软件在第十届中国花卉博览会（上海）数字管理系统中的应用	上海秉匠信息科技有限公司	
9	"开装" 装配化装修 BIM 软件在上海嘉定新城 E17-1 地块租赁住宅项目中的应用	上海开装建筑科技有限公司	
10	"BeePC" 软件在装配式混凝土建筑项目深化设计中的应用	杭州嘤嘤科技有限公司	浙江省住房和城乡建设厅
11	"晨曦" BIM 算量软件在福建省妇产医院建设项目的应用	福建省晨曦信息科技股份有限公司	福建省住房和城乡建设厅
12	装配式建筑深化设计平台在福州市蓝光公馆项目的应用	福建省城投科技有限公司	
13	中机六院数字化协同设计平台	国机工业互联网研究院（河南）有限公司	河南省住房和城乡建设厅

续表

序号	案例名称	申报单位	推荐单位
14	"智装配" BIM 设计平台在装配式叠合剪力墙结构设计中的应用	美好建筑装配科技有限公司	湖北省住房和城乡建设厅
15	BIM 智能构件资源库系统在中信智能建造平台中的应用	中信工程设计建设有限公司 中信数智（武汉）科技有限公司	湖北省住房和城乡建设厅
16	基于 BIM 的装配式建筑设计协同管控集成系统	中机国际工程设计研究院有限责任公司	湖南省住房和城乡建设厅
17	小库智能设计云平台在建筑工程项目设计方案评估、优化和生成中的应用	深圳小库科技有限公司	广东省住房和城乡建设厅
18	华智三维协同设计平台	广州华森建筑与工程设计顾问有限公司	广东省住房和城乡建设厅
19	"ECOFLEX" 设计施工一体化软件在装配化装修项目中的应用	广州优智保智能环保科技有限公司 广州优比建筑咨询有限公司	广东省住房和城乡建设厅
20	建筑工程结构 BIM 设计数字化云平台（EasyBIM-S）在成都市天府新区独角兽岛启动区项目中的应用	中国建筑西南设计研究院有限公司	四川省住房和城乡建设厅

二、部品部件智能生产线典型案例

序号	案例名称	申报单位	推荐单位
1	中清大钢筋桁架固模楼承板石家庄生产基地生产线	中清大科技股份有限公司 清华大学建筑设计研究院有限公司	北京市住房和城乡建设委员会
2	和能人居科技天津滨海工厂装配化装修墙板生产线	和能人居科技（天津）集团股份有限公司	天津市住房和城乡建设委员会
3	河北奥润顺达高碑店木窗生产线	河北奥润顺达窗业有限公司	河北省住房和城乡建设厅
4	山西潇河重型 H 型钢、箱型梁柱生产线	山西潇河建筑产业有限公司	山西省住房和城乡建设厅
5	上海建工可扩展组合式预制混凝土构件生产线	上海建工建材科技集团股份有限公司	上海市住房和城乡建设管理委员会
6	基于 BIM 的机电设备设施和管线生产线	无锡市工业设备安装有限公司	江苏省住房和城乡建设厅
7	苏州昆仑绿建胶合木柔性生产线	苏州昆仑绿建木结构科技股份有限公司	江苏省住房和城乡建设厅

续表

序号	案例名称	申报单位	推荐单位
8	装配式叠合剪力墙结构体系预制构件生产线	浙江宝业现代建筑工业化制造有限公司 上海紫宝实业投资有限公司	浙江省住房和城乡建设厅 上海市住房和城乡建设管理委员会
9	浙江亚夏装配化装修墙板生产线	浙江亚夏装饰股份有限公司	浙江省住房和城乡建设厅
10	浙江建工 H 型钢生产线	浙江省建工集团有限责任公司 杭州固建机器人科技有限公司	
11	中建海峡装配式建筑产业基地预制混凝土构件生产线	中建海峡建设发展有限公司	福建省住房和城乡建设厅
12	山东万斯达模块化自承式预应力构件生产线	山东万斯达科技股份有限公司	
13	海天机电集约式预制构件生产线	海天机电科技有限公司	
14	山东绿夏钢构件生产线	山东绿兴绿夏建筑科技有限公司	山东省住房和城乡建设厅
15	济南市中建绿色建筑预制混凝土构件生产线	中建绿色建筑产业园（济南）有限公司	
16	青岛荣华预制混凝土构件生产管理系统	荣华（青岛）建设科技有限公司 北京和创云筑科技有限公司	
17	济南市中建人局门窗幕墙生产线	中建人局第二建设有限公司	
18	郑州宝冶钢构件生产线	郑州宝冶钢构有限公司	河南省住房和城乡建设厅
19	预制混凝土构件双循环水线在成都市发绿新型建材厂中的应用	中建三局集团有限公司	湖北省住房和城乡建设厅
20	基于 BIM 的施工现场钢筋集约化加工技术在湖北省鄂州市中建三局葛店新城 PPP 项目的应用	中建三局集团有限公司	
21	湖南省三一椰梨工厂预制混凝土构件生产线	湖南三一快而居住宅工业有限公司	湖南省住房和城乡建设厅
22	中建五局装配式机电管线生产线	中国建筑第五工程有限公司	
23	筑友智造双循环预制混凝土构件生产线在筑友集团焦作工厂中的应用	筑友智造智能科技有限公司 焦作市建友建筑智造科技有限公司	湖南省住房和城乡建设厅 河南省住房和城乡建设厅
24	佛山市睿住优卡整体卫浴生产线	广东睿住优卡科技有限公司	广东省住房和城乡建设厅
25	中建科技深汕工厂飘窗钢筋网笼生产线	中建科技集团有限公司	

续表

序号	案例名称	申报单位	推荐单位
26	中建科技深汕工厂预应力带肋混凝土叠合板生产线	中建科技（深汕特别合作）有限公司	广东省住房和城乡建设厅
27	广东省惠州市中建科工钢构件生产线	中建钢构广东有限公司	广东省住房和城乡建设厅
28	成都市美好装配金堂生产基地装配叠合剪力墙结构体系预制构件生产线	美好智造（金堂）科技有限公司	四川省住房和城乡建设厅
29	成都建工预制混凝土构件工厂管理平台	成都建工工业化建筑有限公司	四川省住房和城乡建设厅

三、智慧施工管理系统典型案例

序号	案例名称	申报单位	推荐单位
1	北京市朝阳区建设工程智慧监管平台	北京市朝阳区住房和城乡建设委员会 北京建科研软件技术有限公司	北京市住房和城乡建设委员会
2	5G高清视频远程监管一体化系统在北京市大兴临空经济区发展服务中心的应用	中国联合网络通信有限公司 北京直通科创科技发展有限责任公司 北京电信规划设计院有限公司	
3	隧道施工智能预警与安全管理平台在新疆维吾尔自治区东天山隧道的应用	北京市市政工程研究院	
4	钢结构施工管理平台在北京丰台站建设项目的应用	中铁建工集团有限公司	
5	北京首开智慧建造管理平台在苏州湖西星辰项目的应用	北京首都开发股份有限公司 北京建科研软件技术有限公司	
6	复杂空间结构智能建造技术在国家会议中心二期项目的应用	北京建工集团有限责任公司 北京市建筑工程研究院有限责任公司	
7	"吕苍"智能安全防控系统在阿里巴巴北京总部建设项目的应用	杭州品苍安控信息技术股份有限公司	河北省住房和城乡建设厅
8	全景成像远程钢筋测量技术在河北雄安新区宣武医院建设项目的应用	金钱猫科技股份有限公司	河北省住房和城乡建设厅

续表

序号	案例名称	申报单位	推荐单位
9	大连三川智慧施工管理系统在大连市绿城诚园项目的应用	大连三川建设集团股份有限公司 北京和创云筑科技有限公司 方维建筑科技(大连)有限公司	辽宁省住房和城乡建设厅
10	辽宁省沈抚改革创新示范区全过程咨询服务项目管理平台	精简识别科技(辽宁)有限公司 国泰新点软件股份有限公司	
11	吉林省工程质量安全手册管理平台	吉林省住房和城乡建设厅 中国再保险(集团)股份有限公司 北京中筑数字科技有限责任公司	吉林省住房和城乡建设厅
12	上海市预制构件信息化质量管保障平台	上海城建物资有限公司	上海市住房和城乡建设管理委员会
13	江苏省建筑施工安全管理系统智慧安监平台	江苏省建筑安全监督总站 南京傲途软件有限公司	江苏省住房和城乡建设厅
14	南京市 BIM 审查和竣工验收备案系统	南京市城乡建设委员会 中通服务咨询设计研究院有限公司	
15	徐州市沛县建筑施工智慧监管系统	沛县建筑工程质量监督站	
16	基于 BIM 的智慧施工管理系统平台	江苏东婴建筑产业创新发展研究院有限公司	江苏省住房和城乡建设厅
17	基于 GIS+BIM 的智慧工地管理平台	江苏南通二建集团有限公司	
18	杭州市装配式建筑质量监管平台	浙江省建工集团有限责任公司 杭州市建筑业协会	浙江省住房和城乡建设厅
19	宁波市装配式建筑智慧管理平台	宁波市住房和城乡建设局 宁波杉工智能安全科技股份有限公司	
20	施工现场信息自动化采集工具和平台应用	浙江省建工集团有限责任公司 杭州市建筑业协会	

续表

序号	案例名称	申报单位	推荐单位
21	智慧工地管理系统在浙江舟山波音737MAX飞机完工及交付中心定制厂房项目中的应用	中铁建工集团有限公司	浙江省住房和城乡建设厅
22	智能建造平台在苏锡常太湖隧道项目中的应用	中铁四局集团有限公司	安徽省住房和城乡建设厅
23	厦门海迈市政工程施工智慧工管理平台	厦门海迈科技股份有限公司	福建省住房和城乡建设厅
24	中建海峡智慧建造一体化管理系统	福建建优建筑科技有限公司	福建省住房和城乡建设厅
25	基于BIM的智慧施工管理系统在江西省抚州市汝水家园建设项目中的应用	中阳建设集团有限公司	江西省住房和城乡建设厅
26	中建八局一公司智慧建造一体化管理平台	中建八局第一建设有限公司	
27	青岛市工地塔吊运行安全管理系统	青岛市建筑施工安全监督站 一开控股（青岛）有限公司	山东省住房和城乡建设厅
28	青岛市建设工地渣土车管理平台	青岛市建筑工程管理服务中心 青岛英通信息技术有限公司	
29	基于BIM和物联网技术的智能建造平台在青岛海洋科学国家实验室智库大厦项目中的应用	青建集团股份有限公司 山东青建智慧建筑科技有限公司	
30	数字工地精细化施工管理平台在湖北鄂州花湖机场的应用	湖北国际物流机场有限公司	湖北省住房和城乡建设厅
31	湖南省"互联网＋智慧工地"管理平台	湖南省住房和城乡建设厅 中湘智能建造有限公司	湖南省住房和城乡建设厅
32	智慧建造管理平台在广州"三馆一"项目的应用	中建三局集团有限公司	广东省住房和城乡建设厅
33	基于BIM的智慧工地管理系统	广联达科技股份有限公司	
34	智慧施工管理系统在机场建设中的应用	广东省机场管理集团有限公司	
35	广西建筑农民工实名制管理公共服务平台	广西壮族自治区住房和城乡建设厅	广西壮族自治区住房城乡建设厅
36	广西建工智慧工地协同管理平台	广西建工集团有限责任公司 广西建工集团智慧制造有限公司 广西建工智慧制造研究院有限公司	

续表

序号	案例名称	申报单位	推荐单位
37	智慧建造施工管理平台在成都市大运会东安湖片区配套基础设施建设项目中的实践	中国五冶集团有限公司 上海鲁班软件股份有限公司	四川省住房和城乡建设厅
38	华西集团智能建造管理系统	四川省建筑科学研究院有限公司 中国华西企业股份有限公司	四川省住房和城乡建设厅
39	成都市智慧工地平台	成都市建设信息中心 成都鹏业软件股份有限公司	四川省住房和城乡建设厅
40	标准化开源接口在成都建工智慧工地平台的应用	成都建工集团有限公司 成都建工第五建筑工程有限公司	四川省住房和城乡建设厅
41	"ZoCenter" 工程数字档案管理平台	中基数智（成都）科技有限公司	四川省住房和城乡建设厅
42	西安市城市轨道建设智慧工地管理平台	中铁一局集团有限公司	陕西省住房和城乡建设厅

四、建筑产业互联网平台典型案例

序号	案例名称	申报单位	推荐单位
1	基于 BIM-GIS 的城市轨道交通工程产业互联网平台	北京市轨道交通建设管理有限公司 北京市轨道交通设计研究院有限公司	北京市住房和城乡建设委员会
2	"装建云" 装配式建筑产业互联网平台	北京和创云筑科技有限公司	北京市住房和城乡建设委员会
3	"筑享云" 建筑产业互联网平台	三一筑工科技股份有限公司	北京市住房和城乡建设委员会
4	"鲲鹏" 平台在中台工业园科技成果转化合作中心项目中的应用	北京建谊投资发展（集团）有限公司	北京市住房和城乡建设委员会
5	基于 BIM 的城市轨道交通工程全生命期信息管理平台	上海市隧道工程轨道交通设计研究院	上海市住房和城乡建设管理委员会
6	特大型城市道路工程全生命周期协同管理平台	上海城投公路投资（集团）有限公司	上海市住房和城乡建设管理委员会
7	公共建筑智慧建造与运维平台	上海建工四建集团有限公司	上海市住房和城乡建设管理委员会

续表

序号	案例名称	申报单位	推荐单位
8	"乐筑"建筑产业互联网平台	江苏乐筑网络科技有限公司	江苏省住房和城乡建设厅
9	"比姆泰客"装配式建筑智能建造平台	浙江精工钢结构集团有限公司	浙江省住房和城乡建设厅
10	装配式建筑工程项目智慧管理平台	浙江省建材集团浙西建筑产业化有限公司	
11	"筑慧云"建筑全生命期管理平台	江西佰实建设管理股份有限公司	江西省住房和城乡建设厅
12	河南省建筑工人培育服务平台	中国建设银行河南省分行 广东开True太平平科技有限责任公司	河南省住房和城乡建设厅
13	湖南省装配式建筑全产业链智能建造平台	湖南省住房和城乡建设厅 北京构力科技有限公司	湖南省住房和城乡建设厅
14	"塔比星"数字化采购平台	塔比星信息技术（深圳）有限公司	广东省住房和城乡建设厅
15	中建科技智能建造平台在深圳市长期公共住房项目中的应用	中建科技集团有限公司	
16	腾讯云微筑智能建造平台	腾讯云计算（北京）有限责任公司	
17	"云筑网"建筑产业互联网平台	中建电子商务有限责任公司	四川省住房和城乡建设厅
18	"建造云"建筑数字供应链平台	四川华西集采电子商务有限公司	
19	"安心筑"平台在建筑工人实名制管理中的应用	一智科技（成都）有限公司	
20	"即时租赁"工程机械在线租赁平台	中铁一局集团有限公司	陕西省住房和城乡建设厅

五、建筑机器人等智能建造设备典型案例

序号	案例名称	申报单位	推荐单位
1	混凝土抗压强度智能检测机器人在北京地铁 12 号线东坝车辆段建设项目中的应用	北京建筑材料检验研究院有限公司 北京华建星链科技有限公司 无锡东仪制造科技有限公司	北京市住房和城乡建设委员会
2	"虹人坦途"热熔改性沥青防水卷材自动摊铺装备	北京东方雨虹防水技术股份有限公司	辽宁省住房和城乡建设厅
3	复杂预制构件混凝土精确布料系统和装备在大连德泰三川建筑科技有限公司生产线的应用	沈阳建筑大学	上海市住房和城乡建设管理委员会
4	深层地下隐蔽结构探测机器人在上海星港国际中心基坑工程中的应用	上海建工集团股份有限公司	
5	建筑物移位机器人在上海嘟格纳小学平移工程中的应用	上海天演建筑物移位工程股份有限公司	江苏省住房和城乡建设厅
6	地铁隧道打孔机器人在徐州市城市轨道交通 3 号线建设项目中的应用	中建安装集团有限公司	
7	砌筑机器人"On-site"在苏州星光耀项目的应用	中亿丰建设集团股份有限公司	安徽省住房和城乡建设厅
8	船闸移动模机在安徽省引江济淮工程项目中的应用	安徽省路港工程有限责任公司	
9	超高层住宅施工装备集成平台在重庆市御景天水项目中的应用	中建三局集团有限公司	湖北省住房和城乡建设厅
10	大疆航测无人机在土石方工程测量和施工现场管理中的应用	深圳市大疆创新科技有限公司	
11	建筑机器人在广东省佛山市凤桐花园项目的应用	广东博智林机器人有限公司	广东省住房和城乡建设厅
12	三维测绘机器人在深圳市长圳公共住房项目中的应用	中建科技集团有限公司	
13	墙板安装机器人在广东省湛江市东盛路公租房项目的应用	中建科工集团有限公司	

住房和城乡建设部办公厅关于
征集遴选智能建造试点城市的通知

建办市函〔2022〕189号

各省、自治区住房和城乡建设厅，直辖市住房和城乡建设（管）委，新疆生产建设兵团住房和城乡建设局：

为贯彻落实党中央、国务院决策部署，大力发展智能建造，推动建筑业转型升级，根据全国住房和城乡建设工作会议部署安排，我部决定征集遴选部分城市开展智能建造试点，现就有关事项通知如下：

一、试点目标

通过开展智能建造试点，加快推动建筑业与先进制造技术、新一代信息技术的深度融合，拓展数字化应用场景，培育具有关键核心技术和系统解决方案能力的骨干建筑企业，发展智能建造新产业，形成可复制可推广的政策体系、发展路径和监管模式，为全面推进建筑业转型升级、推动高质量发展发挥示范引领作用。

二、试点城市征集范围和试点时间

地级以上城市（含直辖市及下辖区县）均可申报开展智能建造试点，我部按程序评审确定试点城市。试点时间为期3年，自公布之日起计算。

三、试点任务

试点城市重点开展以下工作，其中第（一）至（四）项为必选任务，第（五）至（八）项可结合地方实际自主选择。试点城市也可根据试点目标提出新的任务方向。

（一）完善政策体系

出台推动智能建造发展的政策文件或发展规划，在土地、规划、财政、金融、科技等方面发布实施行之有效的鼓励政策，形成可复制经验清单。

（二）培育智能建造产业

建设智能建造产业基地，完善产业链，培育一批具有智能建造系统解决方案能力的工程总承包企业以及建筑施工、勘察设计、装备制造、信息技术等配套企业，发展数字设计、智能生产、智能施工、智慧运维、建筑机器人、建筑产业互联网等新产业，打造智能建造产业集群。

（三）建设试点示范工程

有计划地建设一批智能建造试点示范工程，推进工业化、数字化、智能化技术集成应用，有效解决工程建设面临的实际问题，实现提质增效，发挥示范引领作用。

（四）创新管理机制

搭建建筑业数字化监管平台，探索建筑信息模型（BIM）报建审批和 BIM 审图，完善工程建设数字化成果交付、审查和存档管理体系，支撑对接城市信息模型（CIM）基础平台，探索大数据辅助决策和监管机制，建立健全与智能建造相适应的建筑市场和工程质量安全监管模式。

（五）打造部品部件智能工厂

围绕预制构件、装修部品、设备管线、门窗、卫浴部品等细分领域，推动部品部件智能工厂建设或改造，实现部品部件生产技术突破、工艺创新、业务流程再造和场景集成。

（六）推动技术研发和成果转化

每年投入一定科研资金支持智能建造科技攻关项目，建立产学研一体的协同机制，推动智能建造关键技术攻关和集成创新，加强科技成果转化，探索集研发设计、数据训练、中试应用、科技金融于一体的综合应用模式。

（七）完善标准体系

引导相关科研院所、骨干企业、行业协会编制智能建造相关标准规范，提出涵盖设计、生产、施工、运维等环节的智能建造技术应用要求。

（八）培育专业人才

探索智能建造人才培养模式和评价模式改革，引导本地高等院校开设智能建造相关专业，推动建设智能建造实训基地。

四、试点城市征集遴选程序

按照城市自愿申报、省级住房和城乡建设主管部门审核推荐、我部评审公布的工作程序，组织开展智能建造试点城市征集遴选工作。

（一）编制方案

试点申报城市根据《住房和城乡建设部等部门关于推动智能建造与建筑工业化协同发展的指导意见》《"十四五"建筑业发展规划》等文件精神和本通知要求，组织编制《智能建造试点实施方案》（以下简称《实施方案》），说明城市基本情况和相关工作基础，明确试点目标、试点内容、实施计划、保障措施等有关工作打算。

（二）组织推荐

省级住房和城乡建设主管部门汇总本行政区域范围内试点申报城市的《实施方案》，组织审核并提出推荐意见，于 2022 年 7 月 31 日前报送我部。各省（区、市）推荐试点城市数量不超过 3 个。

（三）评审公布

我部组织评审各地报送的《实施方案》，视情对试点申报城市开展实地调研，综合考评后确定试点城市名单，向社会公开发布。

五、工作要求

（一）严格审核把关

试点申报城市要确保《实施方案》切实可行，符合本地经济社会发展实际。要具备必要的建筑业、装备制造、信息技术等相关产业基础，可支撑试点任务开展。

（二）加强组织保障

试点申报城市要高度重视建筑业高质量发展工作，将发展智能建造列入本地区重点工作任务和中长期发展规划。试点期间要建立相应工作机制，加强统筹协调，保障试点各项任务有序推进。

（三）强化评估考核

我部将定期跟踪调研各试点城市工作开展情况，对先进经验做法、典型案例予以宣传推广，对工作推进不力、实施进度滞后的试点城市督促整改。试点期满后，我部将组织评估验收，对工作成效显著、产业发展前景良好的试点城市进一步加强政策支持，打造建筑业高质量发展标杆。

住房和城乡建设部

2022 年 5 月 24 日

住房和城乡建设部关于公布智能建造试点城市的通知

建市函〔2022〕82号

各省、自治区住房和城乡建设厅，直辖市住房和城乡建设（管）委，新疆生产建设兵团住房和城乡建设局：

为贯彻落实党中央、国务院决策部署，大力发展智能建造，以科技创新推动建筑业转型发展，经城市自愿申报、省级住房和城乡建设主管部门审核推荐和专家评审，我部决定将北京市等24个城市列为智能建造试点城市（名单见附件），试点自公布之日开始，为期3年。

试点城市要严格落实试点实施方案，建立健全统筹协调机制，加大政策支持力度，有序推进各项试点任务，确保试点工作取得实效。要及时总结工作经验，形成可感知、可量化、可评价的试点成果，每季度末向我部报送试点工作进展情况，每年年底前报送试点年度报告。有关省级住房和城乡建设主管部门要加大对试点城市的指导支持力度，宣传推广可复制经验做法，推动解决问题困难。我部将定期组织对各试点城市的工作实施进度、科技创新成果、经济社会效益等开展评估，对真抓实干、成效显著的试点城市予以通报表扬，对工作进度滞后的试点城市加强调度督导。

请试点城市于2022年11月底前将完善后的试点实施方案以及1名工作联系人报我部建筑市场监管司。试点工作中的有关情况和问题，请及时沟通联系。

附件：智能建造试点城市名单

住房和城乡建设部
2022年10月25日

智能建造试点城市名单

1. 北京市
2. 天津市
3. 重庆市

4．河北雄安新区

5．河北省保定市

6．辽宁省沈阳市

7．黑龙江省哈尔滨市

8．江苏省南京市

9．江苏省苏州市

10．浙江省温州市

11．浙江省嘉兴市

12．浙江省台州市

13．安徽省合肥市

14．福建省厦门市

15．山东省青岛市

16．河南省郑州市

17．湖北省武汉市

18．湖南省长沙市

19．广东省广州市

20．广东省深圳市

21．广东省佛山市

22．四川省成都市

23．陕西省西安市

24．新疆维吾尔自治区乌鲁木齐市